免疫学
实验指导 第2版

普通高等教育"十一五"
国家级规划教材

主编　杜　冰　　钱　旻
编者　杜　冰　　任　华
　　　章　平　　牛延宁
　　　秦居亮　　钱　旻

中国教育出版传媒集团
高等教育出版社·北京

内容简介

本书共设计 33 个实验科目，从基本的抗血清制备开始，涵盖了经典免疫学技术、现代免疫学技术中常用的实验操作。

按照免疫功能的不同，书中实验可分为体液免疫功能检测技术、免疫细胞及功能检测技术、可溶性免疫分子检测技术、组织和细胞水平的免疫检测技术，以及免疫相关疾病动物模型等五部分。这些实验技术涉及生命科学基础研究、医学临床检测及免疫学研究的多方面，体现了编者在长期教学、科研实践中总结出来的实验技巧和经验，不仅具有较高的实用价值，还将一些近年来新涌现的实验技术融入其中，具有较高的可参考性。此外，本书将免疫学实验中常用的实验动物基本操作技术、常用缓冲液和染色液的配方、样品处理方法等以附录的形式整理出来，方便读者参考。通过这些实验科目的学习、训练，可以巩固读者对免疫学理论知识的认识，提高科研素养和动手能力。

本书可作为生物科学、生物技术、基础医学以及临床检验相关专业本科生、研究生的实验教材，高校可以根据自身的实验条件和课程内容选择合适的实验科目开设；鼓励教师结合各实验科目的特点，有机整合，开设综合性拓展实验，以提高学生的兴趣并锻炼其自主探究精神。

数字课程（基础版）

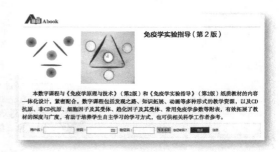

Abook

免疫学实验指导（第 2 版）

本数字课程与《免疫学原理与技术》（第2版）和《免疫学实验指导》（第2版）纸质教材的内容一体化设计，紧密配合。数字课程包括发现之路、知识拓展、动画等多种形式的教学资源，以及CD抗原、非CD抗原、细胞因子及其受体、趋化因子及其受体、常用免疫学参数等附表，有效拓展了教材的深度与广度，有助于培养学生自主学习的学习方式，也可供相关科学工作者参考。

用户名 ☐ 密码 ☐ 验证码 ☐ 5368 看不清？ 登录 注册

登录方法：

1. 电脑访问 http://abook.hep.com.cn/60530，或手机扫描下方二维码、下载并安装 Abook 应用。
2. 注册并登录，进入"我的课程"。
3. 输入封底数字课程账号（20 位密码，刮开涂层可见），或通过 Abook 应用扫描封底数字课程账号二维码，完成课程绑定。
4. 点击"进入学习"，开始本数字课程的学习。

课程绑定后一年为数字课程使用有效期。如有使用问题，请点击页面右下角的"自动答疑"按钮。

扫描二维码，
下载 Abook
应用

前 言

Preface

免疫学是一门实验学科，学生不仅需要深刻了解系统的免疫学基础理论，还需要全面掌握免疫学相关的实验操作技术，在实验中深入体会和理解课堂上讲授的理论知识，培养观察、思考、分析和解决问题的能力及严肃认真的科学态度。同时，免疫学技术还具有非常广泛的应用前景，尤其是在医学检验、细胞定型、蛋白质分析甚至是临床治疗中发挥着重要作用。因此，对免疫学相关实验技术进行系统的学习和操作具有十分重要的意义。

本书适合作为高等学校免疫学基础实验教材，对于掌握免疫学技术应用的拓展提升和科研工作的开展也具有帮助。按照实验目的的不同，书中实验可分为体液免疫功能检测技术、免疫细胞及功能检测技术、可溶性免疫分子检测技术、组织和细胞水平的免疫检测技术，以及免疫相关疾病动物模型等五部分，从分子、细胞、组织和个体水平上对免疫学相关的实验进行了汇总；不仅有经典的免疫学实验技术如，沉淀反应、凝集反应、补体功能分析以及中和试验，还将免疫荧光、流式细胞术、酶联免疫吸附试验、免疫印迹技术等现代免疫学常用的实验技术纳入其中，甚至还包括了 ELISPOT、免疫共沉淀、染色质免疫共沉淀、单细胞测序等近年来兴起的免疫学相关技术。此外，本书还对免疫学功能的评价方式进行了介绍，涉及补体活性、抗体分泌、病原体吞噬、细胞因子分泌以及抗病毒能力等方面，对目前在免疫学研究中常见的感染、炎症、过敏、自身免疫性疾病等各类动物疾病模型也进行了总结。

本书是各位编者在长期实验教学和科研工作中的经验总结，所涵盖的实验科目均经过实际操作和反复验证，具有良好的可操作性和参考价值。实验内容既有适合本科生学习和训练的经典实验内容，也包括适合研究生教学的拓展、提高性实验科目，为培养学生基本的科研素养和动手能力提供帮助。实际使用过程中，各高校可以根据自身的实验条件、课时安排，以及相应理论课的内容进行有针对性的选择，在最大程度上满足具有不同背景读者的实验要求。

本书在编写过程中得到了高等教育出版社的大力帮助和指导。参与编写的各位老师尽职尽责，将自己在教学、科研一线多年来工作的经验和技巧毫无保留地奉献给广大读者。然而由于时间及编者自身水平所限，书中难免存在错误和不足，敬请各位老师、专家学者以及广大读者批评指正。

杜 冰

2022 年 6 月

目 录

Contents

实验室规则

Rules of Laboratory

实验室是老师和同学们进行科学研究、完成实验教学任务的场所，无关人员未经允许不得擅自进入，参与实验的人员进入实验室后必须严格遵守实验室各项规章制度。

1. 进入实验室的人员必须衣着整洁，穿着统一的实验服装，禁止穿背心、运动短裤、拖鞋等进入实验室。

2. 要以科学、严肃的态度对待实验，遵守实验室各项要求，保持室内安静，禁止在实验过程中嬉戏、打闹及大声喧哗，影响他人的工作。

3. 不得在实验室中进行与实验和教学无关的活动，严禁将饮料或食物带入实验室，禁止在实验室饮食、抽烟。

4. 进行实验前，应对实验内容进行充分的预习和准备，了解实验原理，明确实验目的和操作步骤，熟悉所要使用的试剂性质和仪器的操作流程。

5. 实验过程中必须严格遵守实验室水电安全规程。注意节约用水，涉及需要使用带电设备的，务必注意用电安全，实验结束后及时关闭电源。

6. 严禁在实验室保存易燃、易爆物品，严格控制有毒、有害或腐蚀品的使用，防止药品、试剂间的交叉污染，有毒、有害物品使用后应倒入指定地点后统一处理。

7. 注重实验室安全，发生突发事件后应首先向老师汇报，并及时采取措施，凡违反操作规程或不听从教师指导而酿成事故者，应按有关规定进行严肃处理。

8. 爱护公共财物，节约试剂材料，不得擅自将实验室任何物品带出。严格按照操作规程使用仪器，如将仪器、用品损坏，应报告教师并按规定处理。使用完仪器，及时清洁并做好记录。

9. 涉及实验动物的实验，务必通过相关单位的动物实验伦理审批，遵守相关的动物操作守则，保护动物的权利，严禁无故虐待及伤害实验动物。

10. 必须真实地记录实验结果，认真地进行分析，得出结论。遇到与预期不符的结果，应探讨其原因，设计实验检验、排除，训练自己的科学思维能力。

11. 实验结束后，应清点实验用品，将实验用品整理后放归原位；服从卫生值日安排，认真负责地做好清洁卫生。

科学实验是一个严谨细致的过程，需要实验人员全心投入、认真准备，只有严格遵守实验室规章制度，养成良好的实验习惯，才可以取得理想的实验结果。

PART 1.　第 一 部 分

体液免疫功能
检测技术

实验一　大肠杆菌多克隆抗体的制备

目的要求　复习和巩固体液免疫应答的基本原理，熟悉抗血清的制备过程及常见实验动物的操作方法，能够根据科研及工作的实际需要制备理想的多克隆抗体。

实验原理　机体在受到抗原刺激后会产生一种能够与抗原发生特异性反应、具有防御作用的免疫球蛋白，这种免疫球蛋白就是我们所说的抗体分子。随着免疫学技术的飞速发展以及对抗体研究的不断深入，抗体分子由于其特异性好、亲和力高等优点已经广泛地应用于生命科学及医学研究的各个领域，因此开展特异性抗体制备技术具有十分重要的理论意义和应用价值。根据抗体生成的基本原理，抗血清制备主要可以分为抗原制备、动物选择以及免疫途径选择等几个关键步骤。首先，免疫原性强、纯度高的抗原是获得高效抗体的基础，只有高免疫原性的抗原才能够激活机体有效的免疫应答，产生特定的抗体分子。同样，抗原的纯度越高，其产生非特异性抗体的概率就越小，从最大程度上保证产生抗体的特异性。其次，被免疫动物的选择又取决于抗血清制备的目的、用途及用量上的差异，而实验动物本身的健康程度也是决定高效抗体产生的重要因素。同时为进一步提高抗原的免疫效果，实际操作中需要根据抗原和动物本身的特点选择合适的免疫方式（皮下注射、皮内注射、腹腔注射等）及免疫佐剂，最大程度地提高抗血清制备的效果。

抗血清制备是一个系统、复杂的过程，涉及蛋白质纯化、实验动物操作、免疫途径选择等多方面，既有抗原物质本身的因素，还包括动物个体之间差异所带来的影响，因此在制备抗血清的过程中须综合考虑各方面因素，不断优化，才能够获得高质量的抗血清。

🔬 实验材料

1 材料和试剂

(1) 纯种新西兰大耳兔（雄性、2.5 kg 左右）

(2) 大肠杆菌可溶性抗原

(3) 弗氏不完全佐剂

(4) 卡介苗

(5) 优质羊毛脂

(6) 液体石蜡

(7) 防腐剂（0.02% NaN_3 或者 0.01% 硫柳汞）

(8) 甘油

2 设备和器材

设备
低速台式离心机、动物解剖台、高压蒸汽灭菌锅、恒温培养箱、冰箱。

器材
研钵、玻璃注射器、乳胶管、小试剂瓶、75% 酒精棉球、解剖工具、脱脂棉等。

操作步骤

实验过程可以大致分为抗原制备、动物免疫以及抗血清分离等三个主要步骤。

1. 抗原的制备

大肠杆菌可溶性抗原的乳化：将弗氏不完全佐剂与等量抗原分别吸入两支注射器中，用长约 5 cm 的乳胶管连接这两支注射器，来回交替推动针管，直至形成乳白色乳化液。检查乳化情况时可将 1 滴乳化液滴于冷水表面，如在水面上不扩散，成为油滴完整地停留在落下部位，即为乳化完全（如果水温太高，可用冰水实验）。若在其中加入终浓度为 2～4 mg/mL 的卡介苗，则称为弗氏完全佐剂乳化抗原。

2. 动物的免疫

根据被免疫抗原性质的不同，免疫的策略也有所差异，需要根据免疫环境的不同进行选择，本实验以大肠杆菌可溶性抗原为例进行介绍。

日期	第 1 天	第 11～15 天	第 20～25 天	第 29 天
注射途径	双后腿肌肉	颈背部皮下多点	耳缘静脉	耳缘静脉
抗原形式	弗氏完全佐剂乳化抗原	弗氏不完全佐剂乳化抗原	可溶性抗原	可溶性抗原
抗原剂量 /mL	1.5	1.0	1.5	1.5

为保证制备抗血清的效果，一般在第三次免疫后、第四次免疫前从耳缘静脉取血 0.5～1 mL，分离血清后利用双向免疫扩散试验检测抗体效价（见实验三），一般应达到 1：16 以上才符合抗血清制备的要求；若采用 ELISA 法进行检测，效价需达到 $1：10^5$ 以上才能够放血。确定效价后再加强免疫 1～2 次后即可放血分离血清了。

3. 血清的分离和保存

免疫结束后，可用心脏采血或者颈动脉放血的方法分离血清（具体操作步骤请见附录 1 中关于实验动物的操作方法）。采用颈动脉放血时，一只家兔可以采血 80～100 mL。将血浆放置在 37 ℃恒温培养箱中 1 h，再置于 4 ℃冰箱中继续放置 4～6 h（也可放置过夜），待血液彻底凝固、血块收缩后，3 000 r/min 离心 15 min，取上清液（血清）加入防腐剂（0.02% NaN_3 或者 0.01% 硫柳汞）分装后放入 -20 ℃冰箱保存备用；也可尝试在保存液中加入 50% 的甘油以避免反复冻融影响抗体的活性。

注意事项

1. 由于实验动物个体差异较大，建议同时免疫两只以上的动物以防止免疫失败，同时尽量选择雌性动物进行免疫，但是不能采用妊娠期间的动物。

2. 佐剂对可溶性抗原的乳化是实验的关键，应反复多次操作，以保证抗原能够被完全彻底地乳化，条件允许的话可采用微型振荡仪或者小型电动马达进行混合，可以大大缩短乳化的时间并提高效果。

3. 免疫抗原的剂量同样也是影响抗血清制备效果的重要因素，实验前应根据抗原本身性质的不同而选择合适的抗原剂量。

4. 在选择佐剂的时候，一方面需要考虑佐剂可以提高抗原的免疫效果，另一方面佐剂中的卡介苗等物质可能会引起动物的过敏反应而导致免疫失败，因此在免疫前需确定动物的过敏原。

| 结果与讨论 … | 结合本实验中大肠杆菌可溶性抗原抗血清的制备方法，设计一种制备颗粒型抗原的抗体制备方案，并比较与本实验之间的差异。 |

（杜冰）

实验二 多克隆抗体的分离和纯化

目的要求　复习和巩固抗体的结构和理化特征，了解蛋白质纯化的分类和基本原理，熟练掌握硫酸铵沉淀法和离子交换法的基本操作步骤，能够对所制备的抗血清进行初步的分离、纯化。

实验原理　抗体分子由于其特有的功能和生物学特征，在生命科学和医学领域发挥了十分重要的作用，目前已经被广泛应用于诊断试剂的开发、抗体类药物的研制以及亲和分离等多个领域。目前较为普遍的抗体制备方法主要包括多克隆抗体和单克隆抗体技术，其中单克隆抗体技术以其特异性好、稳定性高、易于重复等优点被广泛认可。然而，不论是多克隆抗体技术还是单克隆抗体技术，要获得较为理想的抗体分子，都需要对抗血清或者培养上清液进行有效的分离和纯化，因此建立起一套简单、稳定的抗体纯化技术就显得尤为重要。

抗体分子首先具有常见蛋白质分子的基本理化特征，因此许多传统的蛋白质纯化方法对于抗体来说也同样有效，如常见的盐析法、离子交换层析、分子筛以及疏水层析等技术就可以根据抗体分子的分子量、等电点、溶解度等特征对抗体进行纯化。与此同时，抗体分子作为一种特殊的球蛋白分子，与普通的蛋白质相比也有其特殊性。比如说金黄色葡萄球菌 A 蛋白由于具有与抗体分子的非特异结合能力，可以采用 SPA（葡萄球菌 A 蛋白）作为一种亲和载体，将血清中的抗体分子特异性地分离出来，相比于传统的蛋白质亲和分离方法，它具有操作简单、成本低廉等特点，能够很好地对血清中的 IgG 类抗体进行分离纯化。抗体的分离纯化是一个复杂而系统的工程，并没有一个统一的标准或策略，必须要结合实际情况进行合理安排，本实验以常见的兔抗血清中 IgG 分子的分离和纯化为例进行介绍。

🔬 实验材料

1 材料和试剂

（1）兔抗血清	（7）聚乙二醇
（2）无菌生理盐水	（8）饱和硫酸铵溶液
（3）0.5 mol/L NaOH	（9）萘氏试剂
（4）0.5 mol/L HCl	（10）0.02 %NaN$_3$
（5）2 mol/L NaCl	（11）PBS 缓冲液
（6）DEAE-Sephadex A-50	

2 设备和器材

设备	器材
低速台式离心机、层析冷柜、紫外分光光度计、电磁搅拌器、恒流泵。	离心杯、层析柱、尼龙纱布、铁架台、透析袋、乳胶管、烧杯、量筒、滤纸等。

操作步骤

1. 盐析法初步纯化抗血清

取正常兔血清 100 mL，加入等量的生理盐水，充分混匀后，逐滴加入 200 mL 饱和硫酸铵溶液，放置在 4 ℃冰箱中 4 h（为提高沉淀效果可适当延长时间）。将沉淀溶液装入 500 mL 离心杯中，3 000 r/min，4 ℃，离心 20 min。弃去上清液，将沉淀用生理盐水溶解至 100 mL（体积可根据实际情况自己掌握），再次缓慢逐滴加入 50 mL 饱和硫酸铵溶液，放置在 4 ℃冰箱中 4 h。再次 3 000 r/min，4 ℃，离心 20 min 后，弃去上清液，沉淀用 0.01 mol/L PBS 缓冲液溶解成合适的体积。将最终溶液装入透析袋中进行透析，直到萘氏试剂测试后透析外液无黄色出现。透析后的溶液用紫外分光光度法测量蛋白质浓度后分装保存。

2. 层析柱填料的预处理

称取 DEAE-Sephadex A-50 5 g 重悬于 500 mL 蒸馏水中，浸泡 1 h 后倾去上层的细小颗粒，加入 0.5 mol/L NaOH 75 mL，搅拌均匀后静置 30 min，装入带有双层滤纸的布氏漏斗中抽滤，并反复加入蒸馏水进行洗涤至洗脱液呈中性；将 DEAE-Sephadex A-50 重悬于 75 mL 0.5 mol/L HCl 中静置 30 min，用蒸馏水抽滤至中性；再次用 75 mL 0.5 mol/L NaOH 处理一遍，最后将填料保存在 0.1 mol/L pH7.4 的 PBS 缓冲液中备用。

3. 层析柱的制备

将柱底垫有尼龙纱布、出水口接有乳胶管的层析柱垂直固定于铁架台上，关闭下口开关后沿玻璃棒缓慢加入 0.1 mol/L pH7.4 的 PBS 缓冲液，使液面达到 1/4 柱高的位置，此时缓慢倒入预处理后的 DEAE-Sephadex A-50，待凝胶沉降达 2～3 cm 后打开出水口，同时继续倒入凝胶悬液至所需位置。关闭出水口使填料自然沉降，最后在柱顶加一片圆形的滤纸片。

装柱完毕后用两倍柱体积的缓冲液以 12～14 滴 /min 的速度充分平衡层析柱，待洗脱液与流出液的 pH 和离子强度相同时停止平衡。

4. 抗体的分离和纯化

装柱完毕后，打开底部流速开关，使液面恰好与填料相切时立即关闭开关，用加样器沿柱壁缓缓加入盐析法初步纯化的抗血清，再次打开流速开关，使样品缓慢进入柱内后迅速关闭开口，用少量洗脱液清洗柱壁 2～3 次，再次加入一定体积的洗脱液，连接整个洗脱系统，控制流速在 10～15 滴 /min，进行洗脱。洗脱开始后立即进行样品收集，每管收集 3～5 mL，共收集 10～15 管。

利用紫外分光光度计对每管中的蛋白质浓度进行检测，同时以 A_{280} 为纵坐标、管号为横坐标绘制洗脱曲线。将蛋白质峰值出现附近的收集管合并后，用聚乙二醇浓缩，最后加入 0.02% NaN$_3$，放置于 4 ℃冰箱中备用。

洗脱完毕后首先用蒸馏水洗去柱中残余的盐离子，然后按照预处理中的步骤对凝胶进行再生，放置于洗脱缓冲液中 4 ℃短期保存。

注意事项

1. 一般来说 pH 控制在蛋白质等电点的附近是最有利于蛋白质沉淀的，因此利用此法分离不同抗体分子时应根据其等电点的差异选择合适的沉淀 pH。

2. 高浓度的蛋白质会降低盐饱和浓度的阈值，同时也会使杂蛋白质的共沉淀明显增加，影响蛋白质纯度，因此在沉淀前都需要用生理盐水对血清或者腹水进行适当的稀释。

3. 加高层析柱的高度有利于蛋白质纯化，但是层析柱过高造成的流速过低也会降低分离的效果，因此需要根据实际情况进行选择。

4. 层析柱制备的过程中，缓冲液平衡不彻底、装柱不平整、洗脱过程中的流速甚至是样品的上样体积都会影响抗体的纯化。

结果与讨论 ···	随着单克隆抗体技术的飞速发展，单克隆抗体被广泛地应用到了生命科学的各个领域。单克隆抗体一般来自小鼠的腹水或者细胞的培养上清液，请结合学过的生物学知识分析：相比抗血清的纯化，在分离纯化腹水和细胞培养上清液时应注意的操作事项。

（杜冰）

实验三　双向免疫扩散试验
——抗体效价的滴定

目的要求　熟练掌握免疫扩散法的操作步骤，了解其在抗血清效价的测定和抗原分析中的应用，并学会利用本实验对抗血清效价进行测定。

实验原理　免疫扩散法的理论基础是抗原、抗体分子能够在琼脂糖凝胶的大孔径网状结构中自由扩散，在扩散过程中抗原和抗体分子相互结合形成抗原抗体复合物，随着复合物分子量逐步增加，大量的抗原、抗体在沉淀部位聚集，不再继续扩散而形成肉眼可见的带状或线状沉淀。抗原抗体复合物的沉淀带是一种特异性的半渗透性屏障，它可以阻止免疫学性质与其相似的抗原、抗体分子通过，而允许那些性质不相似的分子继续扩散，这样由不同抗原、抗体所形成的沉淀带就会在不同的位置出现。沉淀带的特征与位置不仅取决于抗原、抗体的特异性和浓度，而且与其分子的大小及扩散速度有关，当抗原、抗体存在多种成分时，将呈现多条沉淀线，因此可用来检查抗原和抗体的特异性、纯度或浓度，比较抗原之间的异同点。

1　材料和试剂

(1) 抗原及相应抗血清

(2) 无菌生理盐水

(3) 0.1 mol/L 巴比妥 - 巴比妥钠缓冲液（pH8.6）

(4) 1% 预复琼脂（或琼脂糖）

(5) 1.5% 琼脂糖凝胶

(6) PBS 缓冲液

(7) 0.05% 氨基黑 或者 0.1%～0.5% 考马斯亮蓝染液

(8) 甘油

2　设备和器材

设备

37 ℃恒温培养箱。

器材

6 cm 培养皿、模具、打孔器和挑针、滴管、湿盒、三角烧杯、玻璃搅拌棒、移液器、滤纸等。

操作步骤

1. 预复琼脂培养皿的制备

将熔化的 1% 预复琼脂用滴管加入 6 cm 培养皿（若室温过低需提前预热培养皿）中，使之能够均匀地覆盖培养皿的表面，水平放于 37 ℃恒温培养箱内冷却待用。

2. 凝胶板的制备

将 1.5% 琼脂糖凝胶熔化后倒入水平放置的预复琼脂培养皿中，制成厚度 3～4 mm 的琼脂糖凝胶板，待冷却后根据所需形状用打孔器打孔，打孔器可用末端平整的吸管代替，结合挑针，将孔中的凝胶块挑出，注意保持凝胶孔壁的完整，防止孔周围凝胶断裂，初次实验者可在培养皿边缘空白部位练习后再进行关键的打孔操作。注意：琼脂糖凝胶不宜在室温下放置过久，应尽量缩短操作时间，以免其干燥。

3. 免疫扩散及结果观察

将一定浓度的抗原加入中心孔中，倍比稀释的抗血清加入周围孔，留 1 孔加入稀释抗体的缓冲液 PBS，作为空白对照（图 1-1）（注意：加样至孔满为止，不可外溢）。待孔内液体渗入凝胶后即可放于湿盒中（如需要可重复加样，加样间隔时间应掌握在第一次加样后孔内液体尚未完全扩散的情况下加入，以免孔周围形成不透明的白色圈）。于 37 ℃湿盒中保温 12～24 h，观察抗原、抗体产生的白色沉淀线，抗血清的效价以一定抗原浓度下出现白色沉淀线的最高稀释度来表示。若为检测抗原的浓度，也可以在中间孔加入已知浓度的抗体，周围加上倍比稀释的抗原，最后根据沉淀线出现的位置来判断抗原浓度的高低。

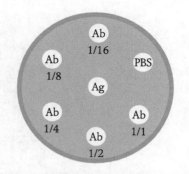

[图 1-1] 双向免疫扩散试验加样示意图

4. 标本的保存

为了保存标本，可作染色处理，步骤如下：

（1）用生理盐水浸洗待保存的培养皿 2～3 天，每天换水 1～2 次，洗去多余的抗原抗体及其他蛋白质。

（2）浸洗后于培养皿的凝胶上加 5% 甘油或用 0.5% 琼脂填孔防裂，用湿的优质滤纸覆在凝胶上（两者之间不要有空气），37 ℃过夜使其彻底干燥。

（3）打湿滤纸，轻轻揭下，洗净胶面。

（4）用 0.05% 氨基黑（用 5% 乙酸配制）染色 10 min，再用 5% 乙酸脱色至背景无色为止，干燥保存。也可用 0.1%～0.5% 考马斯亮蓝（用 10%～20% 乙酸配制）染色 5～15 min，再用 10%～20% 乙酸脱色至背景无色，干燥保存。

结果与讨论 ···
观察并记录沉淀线的形态和位置，并讨论不同抗原浓度对沉淀线的影响。

试讨论图 1-2 中 6 种情况中抗原和抗体的浓度差异及其在凝胶中的扩散率大小（用 >、<、≈表示）。

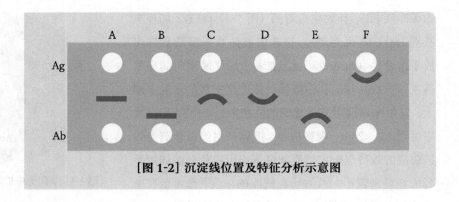

[图 1-2] 沉淀线位置及特征分析示意图

（杜冰）

实验四 火箭免疫电泳试验
——抗原浓度的测定

目的要求　了解免疫电泳技术的基本原理，熟悉火箭免疫电泳的操作步骤及其在抗原测定和分析中的应用，学会利用火箭免疫电泳对未知抗原的浓度进行测定。

实验原理　火箭免疫电泳（rocket immunoelectrophoresis，RIE）是一种将抗原抗体的结合特异性和蛋白质电泳的高效性有机结合起来的免疫学检测技术。电泳过程中抗体在凝胶中均匀分布且抗体分子在特定的缓冲液中基本不带电荷，因此抗体分子在电场中几乎不发生移动，相反抗原分子由于本身带有负电荷，在电场的作用下就会向正极发生定向移动。在泳动过程中当抗原与凝胶中的抗体达到合适的比例时，就会形成一个形似火箭的不溶性免疫复合物沉淀峰，峰的高度或者面积与待测的抗原浓度呈正相关，因此可以根据所形成的火箭峰的高度或者面积对抗原的浓度进行半定量的检测。在凝胶中抗体总量不变的情况下，以已知抗原溶液的浓度作为横坐标，以相应的火箭峰的高度或者面积为纵坐标，绘制标准曲线，最终计算出未知抗原的浓度（图1-3）。反之如果固定量的抗原是均匀分布在凝胶中的，利用这个方法则可以对未知的抗体含量进行检测。

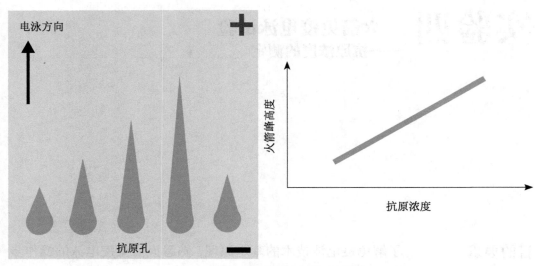

[图 1-3] 火箭免疫电泳原理示意图

🔬 实验材料

1 材料和试剂

（1）抗原及相应抗血清
（2）无菌生理盐水
（3）0.1 mol/L 巴比妥 - 巴比妥钠缓冲

液（pH8.6）
（4）1%、1.5% 琼脂糖凝胶
（5）1% 鞣酸溶液

2 设备和器材

设备	器材
恒温培养箱、电泳仪。	模具、胶带、单面刀片、打孔器和挑针、滴管、湿盒、移液器、滤纸等。

操作步骤

1. 抗原、抗体浓度的选择
分别选取不同浓度的抗原和抗体溶液进行预实验，选择电泳后能够出现清晰、锐利的锥形沉淀峰，且峰高在 2～5 cm 的抗原、抗体浓度为宜。

2. 预复琼脂板的制备

首先将玻璃板放入预先准备好的模具中，四周用胶带封住以防止凝胶泄露，然后将熔化后的 1% 琼脂糖凝胶滴加到模具中的玻璃板上，使之均匀覆盖在玻璃板表面，放置在水平桌面上使其充分冷却后放于培养箱内干燥备用。

3. 抗血清琼脂板的制备

取一定量抗血清与熔化并冷却至 56 ℃左右的 1.5% 琼脂糖凝胶充分混合，然后迅速将其倒入预复琼脂板表面，放置在水平桌面上使其均匀冷却，最终使琼脂的厚度达到 1～2 mm。

4. 打孔、加样

待凝胶充分凝固后，拆去封住两端的胶带，用刀片将玻璃板连同上面的凝胶切出。在距离玻璃板边缘 10 mm 处，用直径约 3 mm 的打孔器以 5 mm 左右的间隔进行打孔。选取合适的抗原浓度进行加样，加样体积一般控制在 10 μL 左右。

5. 电泳

加样后迅速将琼脂板置于电泳槽横梁上，将双层滤纸的一端贴在凝胶表面，另一端连接到电泳槽内的缓冲液中（槽内缓冲液为 0.1 mol/L，pH8.6 巴比妥 - 巴比妥钠缓冲液），使凝胶完全浸入电泳液，注意将加样孔端置于电场的负极，250 V 恒压电泳 1.5 h。

6. 结果判定

电泳结束后，取出琼脂板，分别用生理盐水、蒸馏水清洗表面残余的缓冲液及蛋白质，最后放入 1% 鞣酸溶液中浸泡 5～10 min，晾干，即可观察并测定结果。若需长期保存结果，也可以用常规蛋白质染色法进行染色，脱色后干燥进行长期保存。通过测量峰的高度或者峰的面积对抗原的浓度进行评价，相比之下测量峰的高度比较简便，但是准确性较低。最后可根据测定的结果，从标准曲线中计算出待检标本中的抗原含量。

注意事项

1. 必须选择合适的抗原、抗体浓度。且制备抗血清板时，必须待琼脂的温度降到 60 ℃

以下时，才能加入抗血清，温度过高可致抗体球蛋白变性失活。

2. 电场必须均匀，电泳条件每次必须保持恒定。电流强度与电压的改变，均会影响沉淀峰的高度及结果的重复性。此外，电泳槽所用缓冲液以巴比妥缓冲液为好，若采用硼酸缓冲液进行电泳，样品泳动距离短，且电渗现象明显。

3. 每次电泳时，同一块抗血清琼脂板上要有标准抗原作对照，加样量必须准确，否则将影响测定结果。

| 结果与
讨论 ⋯ | 试结合本实验的内容，设计一种利用交叉免疫电泳（CIFP）同时对多种不同性质的抗原进行检测的实验操作流程，注意比较其与火箭免疫电泳操作间的差异。 |

（杜冰）

实验五　SPA 协同凝集试验
——颗粒性抗原的检测 ....

目的要求　　　　熟悉凝集反应尤其是协同凝集反应的原理和操作流程，了解 SPA 协同凝集试验在病原体检测中的重要应用，能够利用 SPA 协同凝集试验对未知抗原进行定性检测。

实验原理　　　　SPA 即葡萄球菌 A 蛋白（staphylococcal protein A），是金黄色葡萄球菌细胞壁中的一种表面蛋白。SPA 能与人及多种哺乳动物（如猪、兔、豚鼠等）血清中 IgG 类抗体的 Fc 端发生非特异性结合（详见附录 2），当 IgG 的 Fc 端与 SPA 结合后，两个 Fab 端暴露在葡萄球菌表面，仍保持其特异性的抗原结合能力，当与相应的细菌、病毒或可溶性抗原反应时，可借助特异性抗体 Fab 端与相应抗原互相联结而呈凝集现象。这种以 SPA 作为 IgG 类抗体的载体而进行的凝集反应称为 SPA 协同凝集试验（SPA coagglutination test）。相比传统的凝集反应，SPA 协同凝集试验有效地提高了检测的灵敏度，加快了反应速度，在细菌及病毒等颗粒性抗原的检测及分型实验中发挥了十分重要的作用。

1 材料和试剂

(1) 金黄色葡萄球菌标准株 Cowan Ⅰ
    (NCTC-8530)
(2) 大肠杆菌可溶性抗原
(3) 大肠杆菌抗原抗血清（抗血清预
    先放 56 ℃水浴灭活 30 min）

(4) 普通 LB 液体及固体培养基
(5) 无菌生理盐水
(6) 0.5% 福尔马林溶液
(7) 0.2 g/L NaN₃ 溶液
(8) PBS 缓冲液

2 设备和器材

设备
恒温水浴锅、低温高速离心机、普通光学显微镜。

器材
玻片、离心管、吸头、移液器等。

操作步骤

1. SPA 菌稳定液的制备

(1) 取冷冻保藏的 Cowan Ⅰ菌株接种于 LB 固体培养基表面，37 ℃倒置培养 18～24 h。挑取细菌单克隆接种在 200 mL LB 液体培养基中，置 37 ℃振荡培养 18～24 h。

(2) 以 5 000 r/min 离心 10 min 后收集菌体，沉淀用 PBS 重悬后反复洗涤 3 次，然后用含有 0.5% 福尔马林及 0.2 g/L NaN₃ 的 PBS 将沉淀稀释成 10% 菌悬液，室温放置 3 h 或过夜。

(3) 次日将菌液置 56 ℃灭活 30 min 后，迅速冷却，用 PBS 离心洗 3 次，最后用 0.01 mol/L，pH7.6 的 PBS 稀释成 10% SPA 菌稳定液，分装后 4 ℃保存。

2. IgG 致敏 SPA 菌液的制备

取上述 10% SPA 菌稳定液 100 μL，加 10 μL 大肠杆菌抗原抗血清后混匀，置 37 ℃水浴 30 min，期间每隔 10 min 振荡 1 次，结束后以 8 000 r/min 离心 2 min，弃上清液，并用 PBS 洗涤 3 次，最后加入 PBS 至 1 mL 制成致敏 SPA 菌稳定液。同时取 10% SPA 菌稳定液 100 μL，用 PBS 稀释成 1 mL 的未致敏 SPA 菌液作为对照。

3. SPA 协同凝集试验

用防水蜡笔将玻片分为 3 个不同区域，分别编号为 1、2、3。在第 1、2 区域中各加入 1 滴（约 30 μL）IgG 致敏 SPA 菌液，第 3 区中加入 1 滴未致敏 SPA 菌液。然后在第 1、3 区分别加入 1 滴大肠杆菌可溶性抗原溶液，第 2 区中加 1 滴生理盐水（图 1-4），晃动玻片或用牙签分别混匀，几分钟内即可出现块状或颗粒凝集，10～15 min 内观察结果。

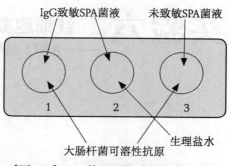

[图 1-4] SPA 协同凝集试验加样示意图

注意事项

1. 实验前必须仔细检查所用试剂本身有无自凝现象或出现细小颗粒，以免影响结果观察或导致错误结果。

2. 协同凝集试验的特异性取决于致敏抗血清的特异性，其凝集反应的强弱取决于抗血清效价。故应选用特异性强和效价高的抗血清致敏 SPA 菌。

3. SPA 与各种属 IgG 的亲和力有所不同，与猪 IgG 亲合力强，以下依次为狗、兔、人、猴、豚鼠、小鼠和牛；与绵羊和大鼠的亲合力较弱，而与牛犊、马、山羊和鸡 IgG 则不起反应。因此当制备 IgG 致敏 SPA 菌液时所用的抗血清种属要适宜。

4. 为排除非特异性凝集所造成的假阳性结果，每次实验同时要用生理盐水、正常血清处理的 SPA 菌体、未致敏 SPA 菌体以及经同一抗血清处理的 Wood 46 株菌（不表达 SPA 蛋白）作对照。

结果与讨论 …	结合已学过的免疫学实验技术，总结一下能够对待测抗原进行快速、准确测量的实验方法，并比较各种方法之间的优缺点。

（杜冰）

实验六　红细胞凝集试验
——ABO 血型的鉴定

目的要求　熟悉 ABO 血型鉴定实验的基本原理，了解血型鉴定在临床医学中的广泛应用，能够同时利用正向和反向定型的方法鉴定 ABO 血型。

实验原理　ABO 血型系统是 20 世纪初由奥地利学者 Karl Landsteiner 首次发现并确定的人类血型系统。人类 ABO 血型主要根据红细胞膜上是否存有特异性抗原（凝集原）A 或 B 来判定，继而将人类的血型分为 A 型、B 型、AB 型、O 型 4 种。其中，A 型指红细胞膜上存有 A 抗原（凝集原），其血清中含有抗 B 抗体（凝集素）；红细胞膜上存有 B 抗原，其血清中含有抗 A 抗体的被称为 B 型；AB 型的红细胞膜上存有 A 抗原和 B 抗原，而其血清中没有抗 A 和抗 B 抗体的存在；O 型血的个体其红细胞膜上既没有 A 抗原也没有 B 抗原，但其血清中同时含有抗 A 和抗 B 抗体。

鉴于抗原抗体反应的特异性和红细胞凝集的特性，人们可以利用已知 A、B 两种抗原的标准血清来鉴定未知的血型。具有 A 抗原的红细胞可被抗 A 抗体凝集；抗 B 抗体可使含 B 抗原的红细胞发生凝集。若血型不匹配，在输血时则会导致红细胞凝集，引起血管栓塞和溶血反应等严重后果。故在输血前必须做血型鉴定。

血型鉴定可用红细胞凝集试验，通过正、反向定型确定 ABO

血型（表 1-1）。所谓正向定型：即血清实验，用已知抗 A、抗 B 分型血清来确定红细胞上有无相应的 A 抗原和 B 抗原；所谓反向定型：即细胞实验，是用已知 A 型红细胞和 B 型红细胞来检测血清中有无相应的抗 A 或抗 B 抗体。

表 1-1　ABO 血型鉴定表

诊断血清 + 待测者红细胞		受检者血型	待检者血清 + 诊断红细胞		
抗 A 血清	抗 B 血清		A 型红细胞	B 型红细胞	O 型红细胞
−	−	O	+	+	−
+	−	A	−	+	−
−	+	B	+	−	−
+	+	AB	−	−	−

🔬 实验材料

1　材料和试剂

（1）待测红细胞

（2）抗 A、抗 B 标准血清

（3）人 A 型、B 型红细胞标准品

（4）待测人血清

（5）生理盐水

2　设备和器材

设备

普通光学显微镜、离心机。

器材

试管、载玻片、采血针、采血毛细管、移液器、75% 酒精棉球等。

操作步骤

1. 正向定型实验（玻片法）

（1）取清洁载玻片一张，用记号笔划为两格，在载玻片的左、右两端，分别标注 A 和 B。

（2）将抗 A 标准血清和抗 B 标准血清各一滴分别滴加于 A、B 标记一侧的附近。

（3）用 75％酒精棉球消毒无名指端的皮肤或耳垂，待酒精挥发后，用无菌采血针刺破表皮，用两支采血毛细管分别吸取待测血液，分别加在抗 A、抗 B 格内，将载玻片水平轻微转动数次，使标准血清与血细胞充分接触。室温，静置 1～2 min 后即可观察结果。

（4）在白色背景下肉眼观察是否出现凝集反应。若混合液滴呈现不规则边缘，中间出现凝集小块或团状物，则表示凝集；若液滴呈现均质红色状态，则为不凝集；也可置于低倍显微镜下观察结果。

2. 反向定型实验（试管法）

（1）用吸管分别注入 2～3 滴待测人血清在已经标记好的两支试管中。

（2）在 A 试管中加入一滴预制的含有 2%～4% 的人 A 型标准红细胞生理盐水悬液后混匀。

（3）在 B 试管中加入一滴预制的含有 2%～4% 的人 B 型标准红细胞生理盐水悬液后混匀。

（4）室温放置 5 min 后，将上述试管离心 15 s（3 000 r/min），静置观察结果。

注意事项

1. 采血时要尽量避免过度挤压手指或耳垂，以免发生溶血影响结果。
2. 如肉眼观察难以辨认，可使用显微镜观察凝血现象。

结果与讨论 ···	由于临床检验的复杂性，经常会遇到一些特殊的血型亚型，造成正、反向定型实验结果不一致的问题。请结合已有的免疫学知识，讨论如何利用现代生物学技术对这些特殊的血型亚型进行检测。

（章平）

实验七　抗体生成细胞检测
——体液免疫功能的评价

目的要求　　了解溶血空斑技术的基本原理和操作步骤，能够利用本实验对小鼠体液免疫功能的变化进行评价。

实验原理　　溶血空斑技术最早由 Jerne 和 Nordin 在 1963 年发明，是一种用来测定 B 淋巴细胞数量和分泌抗体功能的一种体外实验方法。该技术的发明使人们对体液免疫机制有了进一步的认识，也为抗体形成机理的研究提供了有效的方法，大大促进了免疫学基础理论研究和技术的发展。此外，由于溶血空斑技术具有特异性高、观察简便等优点，可作为评价机体免疫功能的重要指标之一，同时还为筛选免疫调节药物提供一种简便可行的手段。

目前常见的溶血空斑技术可以分为直接溶血空斑试验、间接溶血空斑试验、改良型溶血空斑试验以及反向溶血空斑试验 4 种。直接法主要针对 IgM 型抗体分泌细胞进行检测，由于 IgM 型抗体具有比其他种类抗体更高的溶血效率，因此可采用直接溶血空斑法对 IgM 型抗体进行检测。

间接法主要针对溶血效率较低的 IgG 或 IgA 型抗体，反应过程中需要加入抗球蛋白抗体辅助溶血空斑的形成（图 1-5）。改良法主要解决的问题是传统的溶血空斑试验只能检测针对红细胞抗体的产生。该方法首先用待测抗原免疫小鼠并致敏绵羊红细胞，通过抗原特异性抗体的产生以裂解抗原致敏后

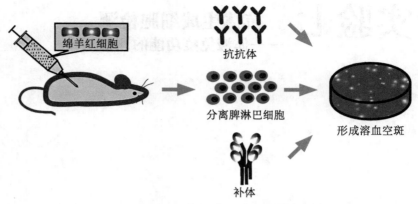

绵羊红细胞

抗抗体

分离脾淋巴细胞

补体

形成溶血空斑

[图 1-5] 间接溶血空斑试验原理示意图

的红细胞。改良型溶血空斑试验扩大了溶血空斑试验的应用
范围,使对抗体分泌能力的检测更加系统、全面。

反向溶血空斑试验将淋巴细胞在体外用丝裂原诱导活化后,
与 SPA 致敏的绵羊红细胞、二抗以及补体成分相混合,形成
溶血空斑后可以对机体中 B 淋巴细胞克隆抗体分泌的整体能
力进行评价。

🔬 实验材料

1　材料和试剂

(1) C57 BL/6 小鼠（6~8 周龄）

(2) SRBC（绵羊红细胞）悬液

(3) 0.9% NaCl 生理盐水（高压灭菌）

(4) D-Hank's 液

(5) 1.4%、0.5% 琼脂凝胶

(6) 补体:采集 3 只以上豚鼠的血液
混合后分离血清,并用 SRBC 吸
收后备用

2　设备和器材

设备

组织研磨器、台式离心机、高压蒸汽灭
菌锅、恒温水浴锅（48 ℃和 37 ℃）、
37 ℃恒温培养箱。

器材

移液器、解剖工具、湿盒、试管、吸管、
6 cm 培养皿、5 mL 注射器、血细胞
计数板等。

操作步骤

1. 免疫小鼠

小鼠腹腔注射 0.5 mL 2.0×10^9 个/mL 的 SRBC 悬液，使每只小鼠体内的 SRBC 数量达到 1×10^9 个左右。若采用尾静脉注射的方法，则免疫量一般不超过 0.2 mL。免疫时需注意调节 SRBC 的用量，过高或者过低的免疫剂量都会影响实验效果。

2. 脾细胞悬液的制备

将免疫 4 天（直接法）或者 10 天（间接法）的小鼠处死后分离脾，用冷的 D-Hank's 液漂洗后放入培养皿。用组织研磨器研磨成脾细胞悬液，按血细胞计数法计数脾细胞，最后调整细胞浓度为 10^7 个/mL，冰浴中备用。

3. 溶血空斑试验

（1）底层琼脂的制备

将事先制备好的 1.4% 琼脂用微波炉加热使其充分熔化，然后直接倒入水平放置的培养皿中充分冷却，倒置在 37 ℃恒温培养箱备用。

（2）顶层琼脂的制备

将预热的脾细胞悬液、20% 的绵羊红细胞以及一定量的补体各 100 μL（采用间接法时可在此处加入同样体积的抗 IgG 抗体以提高溶血效率）与放置于 48 ℃水浴锅中的 0.5% 琼脂糖均匀混合，迅速倒入备用的底层琼脂上，轻轻旋转培养皿使之均匀分布在底层琼脂的表面，凝固后放置到 37 ℃恒温培养箱中保温 3 h，计数溶血空斑（PFC）。

（3）计算

一般可用每百万个脾细胞（即 10^6/mL 脾细胞悬液）中的 PFC 表示。

$$全脾中 PFC 数 = \frac{每个培养皿 PFC 数}{0.1\ mL × 脾细胞悬液体积}$$

注意事项

补体在体外保存过程中极易失活，实验中应尽量减少保存时间，降低温度，最大程度上保持补体的活性。实验中所采用的 SRBC 也应该是新鲜配制的，防止 SRBC 长期保存后所出现的自身溶血现象。

改良型溶血空斑试验极大地丰富了溶血空斑试验的检测范围，试设计一个实验来检测某药物对于小鼠抗乙肝病毒能力的调节作用（提示：可利用改良型溶血空斑试验对药物处理后小鼠的抗乙肝病毒的体液免疫功能进行评价）。

（杜冰）

PART2.

第 二 部 分

免疫细胞及
功能检测技术

实验八　巨噬细胞分离
——小鼠腹腔巨噬细胞的提取 ....

目的要求　熟悉腹腔巨噬细胞的分离和体外培养方法，了解腹腔注射免疫小鼠获得巨噬细胞的基本过程，能够掌握腹腔巨噬细胞分离、纯化和鉴定的基本技能。

实验原理　巨噬细胞在抵御外界病原体入侵中发挥了十分重要的作用，腹腔局部的感染或免疫会招募大量的巨噬细胞向腹腔部位聚集，给巨噬细胞的分离和纯化带来了极大的便利。

本实验利用硫羟乙酸盐作为非感染性炎症刺激物，诱导腹腔局部的炎症反应，进而大量募集外周循环系统中的巨噬细胞，通过腹腔灌洗的方式获得大量含有腹腔巨噬细胞的腹腔灌洗液，再利用巨噬细胞贴壁能力强的特点，对腹腔灌洗液中的巨噬细胞进行初步纯化，最终获得纯度较高的腹腔巨噬细胞，可用于评价多种巨噬细胞的免疫功能，是科学研究中经常采用的体内巨噬细胞获得方式。

1 材料和试剂

(1) C57 BL/6 小鼠（6～8 周龄）

(2) 4% 无菌硫羟乙酸盐溶液（PBS）

(3) 0.01 mol/L，pH7.4 的 PBS 缓冲液

(4) 细胞培养基（DMEM 基础培养基 + 10% 胎牛血清 +1% 青霉素/链霉素）

2 设备和器材

设备

倒置显微镜、37 ℃恒温培养箱、小型台式高速离心机。

器材

手术器械（剪刀、镊子，均经高温灭菌）、无菌注射器、40 μm 孔径细胞滤网、细胞培养板、培养皿、离心管、移液器等。

操作步骤

1. 为诱导小鼠腹腔巨噬细胞的浸润，在实验前三天给小鼠腹腔注射 2 mL 4% 无菌硫羟乙酸盐溶液，注射时注意避免对小鼠重要脏器的损伤。

2. 脱颈椎处死小鼠，用 75% 乙醇浸泡小鼠 5 min（注意：使小鼠的腹腔朝下浸没在乙醇中）。

3. 通过传递窗将小鼠传送到细胞房，用剪刀小心剪开腹部皮肤表面（注意：不要剪破腹膜，以免冲洗时液体流出）。先剪一个小口，然后小心用剪刀尖部撑开皮肤至胸骨，小心剪开与腹膜分离的皮肤即可。

4. 用镊子夹起腹膜，用 5 mL 注射器吸入 5 mL DMEM 基础培养基，快速注入小鼠腹腔，可用注射器轻轻吹洗腹腔灌洗液（注意：避免腹腔内脂肪将针头堵住），使 DMEM 培养基尽可能在腹腔流动，以便获取尽可能多的巨噬细胞。再用注射器吸出 4～5 mL 刚刚注射入小鼠腹腔的 DMEM 培养基，用离心管收集，同种处理老鼠可将抽出液混在一起。

5. 将取出的液体经过 40 μm 孔径细胞滤网过滤后，注入 15 mL 离心管中，2 000 r/min 离心 10 min。

6. 将上层液体弃去（若红细胞较多，建议弃去上清液后，加 1 mL 红细胞裂解液，重悬，

放置 10 min，2 000 r/min 离心 10 min)，用含 10% 胎牛血清培养液重悬底部细胞团，并将细胞接于 12 孔板中，接板细胞密度 $10^5 \sim 10^6$ 个 /mL，每孔 2～2.5 mL。

7. 37 ℃培养 2 h 后，吸出培养板中的培养基，用 PBS 洗掉不贴壁的细胞以及一些杂质，再换上新鲜的经 37 ℃水浴锅预热的含 10% 胎牛血清培养液，37 ℃培养过夜（注意：巨噬细胞贴壁比较牢，洗涤后培养板底部留存的细胞即为高纯度的巨噬细胞)。

注意事项

1. 抽取腹腔巨噬细胞时避免针头多次插入腹腔，防止腹腔灌洗液提前渗出。
2. 操作过程中严格执行无菌操作，避免细胞污染。

| 结果与讨论 … | 获得腹腔巨噬细胞的次日可利用荧光显微镜或者流式细胞仪对巨噬细胞的纯度进行检测，请根据实验流程讨论可以提高腹腔巨噬细胞纯度的操作细节。 |

(秦居亮)

实验九　骨髓干细胞诱导分化

——小鼠巨噬细胞／树突状细胞的制备

目的要求　　熟悉骨髓干细胞体外诱导分化成为免疫细胞的基本操作，了解骨髓干细胞分化为不同免疫细胞的原理和基本过程，能够掌握骨髓干细胞提取、培养以及纯化的基本技能。

实验原理　　骨髓干细胞是体内各类免疫细胞的来源，在组织免疫微环境的调控下，骨髓干细胞可以定向分化成特定的免疫细胞，进而发挥相应的免疫功能。本实验通过手术获得小鼠胫骨中的骨髓干细胞，利用不同的细胞因子模拟特定免疫细胞分化的免疫微环境，进而获得特定分化的免疫细胞。例如：在含有 M-CSF 的条件培养基诱导下，骨髓干细胞会定向分化为巨噬细胞；在含有 GM-CSF 及 IL-4 的培养条件下，骨髓干细胞则定向分化为树突状细胞。

🔬 实验材料

1　材料和试剂

（1）C57 BL/6 小鼠（6～8 周龄）

（2）L929 细胞培养上清液，重组小鼠细胞因子（GM-CSF、IL-4、M-CSF 及 G-CSF）

（3）0.01 mol/L，pH7.4 的 PBS 缓冲液

（4）细胞培养基（DMEM 基础培养基 + 10% 胎牛血清 +1% 青霉素 / 链霉素）

(5) 红细胞裂解液

(6) 条件培养基:DMEM基础培养基(含10% 胎牛血清,100 U/mL 青霉素,100 μg/mL 链霉素),按照诱导细胞的不同要求分别加入 GM-CSF、IL-4、M-CSF 及 G-CSF 等细胞因子。如诱导骨髓来源的巨噬细胞可在基础培养基中加入终浓度为 20～50 ng/mL 的 M-CSF 或者 20% 的 L929 细胞培养上清液(含有大量 L929 细胞分泌的 M-CSF);如诱导骨髓来源的树突状细胞则需在基础培养基中分别加入 GM-CSF (20 ng/mL) 和 IL-4 (10 ng/mL)

2 设备和器材

设备	器材
倒置显微镜、37 ℃恒温培养箱、离心机。	手术器械(剪刀、镊子,均经高温灭菌)、无菌注射器、40 μm 孔径细胞滤网、细胞培养板、培养皿、移液器等。

操作步骤

1. 利用颈椎脱臼法处死小鼠后,将小鼠浸泡在 75% 乙醇中消毒 5 min (注意:浸泡时注意将小鼠的腹腔朝下,以保证对于腹部的消毒效果)。

2. 将乙醇浸泡后的小鼠用无菌吸水纸吸干后放入超净工作台中,剪开腹部及外周皮肤,从腹股沟处开始手术,剪下小鼠的两条后肢,操作过程要严格保持无菌,同时注意轻柔操作,避免对胫骨和股骨造成破坏。

3. 使用高温灭菌处理后的镊子和剪刀剥离后肢的肌肉,将胫骨和股骨分离出来,在剥离肌肉和组织的过程中一定要小心细致,既要尽量去除多余的组织,又要保持骨骼的完整,尤其是避免对胫骨和股骨两端的破坏。

4. 在清理完多余的组织后,剪开股骨和胫骨的两端,露出骨髓腔(两端尽量少剪,剪开即可),用注射器吸取 5 mL 左右条件培养基在骨头两端开口处进行反复吹打,直到骨髓腔发白为止(因为胫骨较细,也可采用 1 mL 注射器进行吹洗)。

5. 收集培养皿中的细胞悬液,用移液器反复吹打,直到肉眼观察不到明显的团块。

6. 使用孔径为 40 μm 的细胞滤网过滤上述细胞悬液，计数后用条件培养基将细胞调整至合适的浓度（细胞密度 10^6 个 /mL），放置在细胞培养箱中培养。

注意事项

1. 吹打骨髓干细胞的时候不可用力过猛，避免对细胞造成伤害。
2. 为排除红细胞的干扰，建议使用红细胞裂解液裂解红细胞后再计数。

结果与讨论 …	骨髓来源巨噬细胞和腹腔巨噬细胞具有不同的免疫学特性，请根据二者分离和制备方式的差异比较它们在功能上的异同。

（杜冰）

实验十 巨噬细胞吞噬试验
——吞噬功能的评价

目的要求　　熟悉巨噬细胞的体外培养和操作方法，了解巨噬细胞吞噬病原体的基本过程，能够掌握免疫细胞吞噬功能评价的基本技能。

实验原理　　固有免疫系统是机体抵御外界病原体侵害的第一道屏障，与适应性免疫的作用机制不同，固有免疫系统可以通过其独特的病原体模式识别方式在最短的时间内对侵入机体的病原体进行杀伤，在适应性免疫发挥功能之前有效地抑制病原体的继续增殖和传播。

巨噬细胞是一类在固有免疫系统中发挥重要功能的免疫细胞，它不仅能够通过其表面的 Toll 样受体（Toll-like receptor, TLR）等模式识别受体识别入侵的病原体，还可以将抗原信息加工后呈递给效应细胞，辅助适应性免疫应答的激活，是体内最为重要的抗原呈递细胞之一。在呈递抗原信息的同时，巨噬细胞还可以利用胞吞的方式对病原体、有害异物及衰老、死亡和突变的细胞等进行吞噬，起到杀伤病原体、清除体内代谢废物的作用，在抗感染以及维持机体自身稳定的过程中发挥了十分重要的作用。因此，巨噬细胞吞噬能力的高低也成为机体固有免疫功能评价的重要指标之一。

本实验利用巨噬细胞能够在体外吞噬病原体的特点，将荧光标记的大肠杆菌作为指示剂，在体外对巨噬细胞的吞噬过程进行观察，并通过吞噬细胞百分率和吞噬指数的计算对巨噬细胞的吞噬能力进行评价，为深入理解固有免疫系统防御机制提供帮助。

⊘ 实验材料

1 材料和试剂

(1) 大肠杆菌菌株 DH5α

(2) 小鼠巨噬细胞系 RAW 264.7

(3) LB 培养基

(4) 0.01 mol/L，pH7.4 的 PBS 缓冲液

(5) 固定液：含有 1% 多聚甲醛的 0.01 mol/L，pH7.4 的 PBS 缓冲液

(6) 2 mmol/L EDTA：用 0.01 mol/L，pH7.4 的 PBS 缓冲配制

(7) 异硫氰酸荧光素（FITC），用 DMSO 配制成 1 mg/mL 母液

(8) DMEM 培养基

2 设备和器材

设备

荧光倒置显微镜、37 ℃恒温摇床、37 ℃恒温细胞培养箱、小型台式高速离心机。

器材

细胞培养板、培养皿、移液器、培养皿等。

操作步骤

1. FITC 标记大肠杆菌的制备

（1）大肠杆菌悬液的制备

挑取 −70 ℃保种的大肠杆菌 DH5α 接种于 LB 固体平板上，37 ℃过夜培养。次日，挑取细菌单克隆接种于 2 mL LB 液体培养基中，37 ℃、220 r/min 恒温振荡培养过夜。第三日，按照 1∶100 比例接种于 LB 液体培养基中继续培养，待 A_{600} 为 0.4～0.5 时，取 1 mL 菌液倍比稀释后用于细菌数目测定；剩余菌液离心收集菌体，PBS 洗涤 3 遍后根据细菌计数的结果稀释成 0.5×10^9 个 /mL 的细菌悬液备用。

（2）大肠杆菌的标记

在已配制好的细菌悬液中加入二甲基亚砜（DMSO）配成的 FITC 溶液（1 mg/mL），使 FITC 的终浓度达到 50 μg/mL，37 ℃孵育 1～1.5 h 后，用 PBS 离心洗涤 3 遍，以去除游离的 FITC，然后用固定液固定 30 min，PBS 洗涤 2 次后配成浓度为 $1×10^9$ 个 /mL 的悬液，避光保存于 4 ℃，备用。

（3）FITC 标记效率的检测

可采用流式细胞仪检测大肠杆菌标记率，检测时首先在二维点阵图上设定 FSC 为 E01 和 Log，设 SSC 为 Log，然后在 FSC/SSC 二维点阵图上检测大肠杆菌，选取大肠杆菌区域为 R1，然后在 SSC（Log）和 FL1（FITC）二维点阵图上以大肠杆菌区设门，检测 FITC 阳性大肠杆菌的比例，以确定大肠杆菌的 FITC 标记率。若条件限制也可用荧光倒置显微镜对标记后的细菌进行计数后，计算 FITC 标记率。

2. 巨噬细胞对大肠杆菌的吞噬

（1）小鼠巨噬细胞系 RAW 264.7 的制备

首先选取生长情况良好的小鼠巨噬细胞系 RAW 264.7，倒去培养基后用 PBS 轻轻洗去未贴壁死细胞，加入 2 mL 含有 10% 胎牛血清的 DMEM 培养基后，用移液器反复吹打培养皿表面，将贴壁的细胞吹打下来。为获得较为理想的单细胞悬液，可以采用 2 mmol/L EDTA 处理 RAW 264.7 细胞 5 min，然后用 PBS 洗涤 3 遍，以去除游离的 EDTA，最后用含有 10% 胎牛血清的 DMEM 培养基将其重悬为 $1×10^5$ 个 /mL 的细胞悬液，按照 2 mL 每孔的数量接种于 6 孔板中，放置于含有 5% CO_2 的恒温细胞培养箱中培养过夜。

（2）RAW 264.7 吞噬大肠杆菌

选取前一天接种于 6 孔板中的 RAW 264.7 细胞，吸去残余的培养基后用 PBS 轻轻冲洗 2 遍，以去除未贴壁的死细胞；然后加入含有 10^7 个 FITC 标记后大肠杆菌的 DMEM 培养基 2 mL，放置于含有 5% CO_2 的恒温细胞培养箱 30 min。然后用冰预冷的 PBS 洗涤 3 次，加入预冷的固定液固定后，用预冷 PBS 洗涤 2 遍备用。

（3）巨噬细胞吞噬效率的检测

将固定洗涤后的细胞直接放置于荧光倒置显微镜下观察巨噬细胞的吞噬情况，随机计数 100 个巨噬细胞中吞噬大肠杆菌的细胞数目，即为巨噬细胞的吞噬百分率：

$$吞噬百分率 = \frac{100 \text{ 个巨噬细胞中吞噬大肠杆菌的细胞数目}}{100 \text{（巨噬细胞数）}} ×100\%$$

再计数此 100 个巨噬细胞中总共吞噬大肠杆菌的数目，将此数目除以 100，得出每个巨噬细胞吞噬大肠杆菌的平均数，即为吞噬指数。

$$吞噬指数 = \frac{100\ 个巨噬细胞吞噬大肠杆菌的总数}{100\ （巨噬细胞数）}$$

注意事项

大肠杆菌标记后应及时进行实验，防止荧光淬灭，由于大肠杆菌标记的不均一性，也可直接购买商品化的荧光颗粒进行吞噬。

结果与 讨论 …	吞噬功能是巨噬细胞固有免疫能力的重要指标之一，试设计一种实验方案以检测某中药单体对于巨噬细胞吞噬能力的调控作用。

（杜冰）

实验十一　免疫磁珠分选
——T/B 淋巴细胞的提取

目的要求　熟悉体外分选原代淋巴细胞的基本操作，了解从小鼠脾分离 T 及 B 淋巴细胞的原理和基本过程，掌握淋巴细胞提取及其培养的基本技能。

实验原理　淋巴细胞是免疫系统中一类重要的免疫细胞，分为 T 淋巴细胞、B 淋巴细胞及自然杀伤细胞（NK 细胞）。T 淋巴细胞起源于骨髓干细胞，在胸腺中分化和发育成熟后，通过淋巴和血液循环系统分布到机体的免疫器官和组织中（如脾、淋巴结）发挥相应的功能。B 淋巴细胞主要分布于脾和淋巴结中，受抗原刺激后，分化成为可以分泌特异性抗体的浆细胞，主要发挥体液免疫功能。因此，脾是机体含有最多淋巴细胞的免疫器官，占全身淋巴组织总量的 25%，是进行淋巴细胞分选的理想器官。免疫磁珠分选是基于磁珠标记抗体特异性结合细胞表面抗原的原理，从细胞混合物中高效分离出目的细胞。被磁珠抗体标记的细胞在磁场的作用下会被吸附而滞留，而不带有特定表面抗原的细胞则可以通过磁场。根据磁性标记的筛选策略不同，又可将分选方式分为阳性分选和阴性分选（图 2-1）。

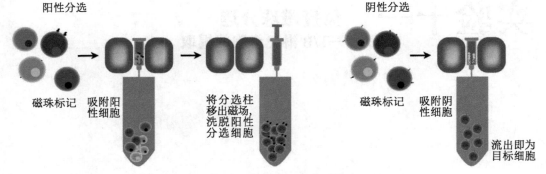

阳性分选　　　　　　　　　　　　　　　　　　　阴性分选

磁珠标记　吸附阳　　　将分选柱　　　　　　　磁珠标记　吸附阴
　　　　　性细胞　　　移出磁场，　　　　　　　　　　性细胞
　　　　　　　　　　洗脱阳性
　　　　　　　　　　分选细胞　　　　　　　　　　　　　　　流出即为
　　　　　　　　　　　　　　　　　　　　　　　　　　　　目标细胞

[图 2-1] 磁珠法分选免疫细胞原理示意图

🔵 实验材料

1 材料和试剂

（1）C57 BL/6 小鼠（6～8 周龄）

（2）0.01 mol/L，pH7.4 的 PBS 缓冲液

（3）细胞培养基（XVIVO 基础培养基 + 10% 胎牛血清 +1% 青霉素 / 链霉素 + 200 U/mL IL-2)

（4）红细胞裂解液

（5）小鼠 T 细胞、B 细胞免疫磁珠分选试剂盒

（6）分离缓冲液（MACS buffer），也可用含 2% 血清的 PBS 代替

2 设备和器材

设备

倒置显微镜、37 ℃ 恒温培养箱、小型台式高速离心机、磁珠分选柱（MS 分离柱）、分选器（MidiMACS Separator)。

器材

手术器械（剪刀、镊子，均经高温灭菌)、1 mL 无菌注射器、40 μm 孔径细胞滤网、细胞培养板、培养皿、离心管、移液器等。

操作步骤

1. 小鼠脾淋巴细胞分离

（1）颈椎脱臼法处死小鼠，将小鼠浸泡在 75% 乙醇中消毒 5 min（注意：浸泡时注意将小鼠的腹腔朝下，以保证对于腹部的消毒效果）。

（2）将小鼠腹面朝上放置在超净工作台中，用无菌的剪刀和镊子剪开小鼠左侧下腹部皮肤，分离出小鼠脾并置于孔径为 40 μm 的细胞滤网上，每个脾滴加 4～5 mL PBS，用 1 mL 规格注射器活塞尾部平整端轻轻研磨脾组织，同时轻轻晃动滤网，使脾细胞充分过滤至下方培养皿中。

（3）将过滤后的脾细胞转移到 15 mL 离心管中，并添加 2 mL 无血清基础培养基，然后在 4 ℃，2 000 r/min 的条件下离心 5 min，保留细胞沉淀，弃去上清液。

（4）为充分裂解残余的红细胞，取 5 mL 红细胞裂解液将沉淀后的细胞重悬，室温孵育 2 min 后添加同体积 PBS 缓冲液。然后在 4 ℃，2 000 r/min 的条件下再离心 5 min，保留细胞沉淀，弃去上清液。

（5）根据细胞沉淀的量使用适量 PBS 重悬细胞并计数，并根据试剂盒说明书的要求将细胞调整至合适浓度。

2. T/B 淋巴细胞的磁珠分选

（1）随后加入 CD3 ε-biotin（若 B 细胞使用负选方案，则为分选抗体混合物）与细胞混匀，4 ℃（或置于冰上）孵育 10 min。

（2）最后加入适量分离缓冲液，混匀，在 4 ℃，2 000 r/min 的条件下离心 5 min，保留细胞沉淀，弃去上清液。

（3）再次利用分离缓冲液重悬细胞，加入 anti-biotin 磁珠，混匀，放置于 4 ℃冰箱（或冰上）孵育 15 min。

（4）加入 2 mL 分离缓冲液重悬细胞，4 ℃，2 000 r/min 离心 5 min，弃上清液，使用分离缓冲液重悬细胞。

（5）将 MS 分离柱放置到磁力架（MidiMACS 分选器）上，有磁极的置于外侧，保证分离柱完全卡入分选器卡槽内，下方放置 15 mL 离心管，先在安装好的分离柱中加入 1 mL 分离缓冲液润洗（自然流下）后待用。

（6）将细胞悬液添加在预处理好的 MS 分离柱中，使液体自然流下，磁力架将吸附所有被磁珠标记的细胞，流出未标记的细胞。再用 2 mL 分离缓冲液润洗 2 遍（若 B 细胞使用负选方案，此步流出液即为目的细胞）。

（7）从磁力架中取出 MS 分离柱，放置到新的 15 mL 离心管中。吸取 1 mL 分离缓冲液放到 MS 分离柱上，用与柱子匹配的推进器快速冲出分离缓冲液，流过液含有 CD3 阳性的细胞（若 B 细胞使用负选方案，此步省略）。

（8）在 4 ℃条件下，2 000 r/min 离心 5 min 后，弃上清液，用培养基重悬细胞后进行培养。

注意事项

1. 研磨脾的过程中要始终保持轻柔，避免对细胞造成伤害。
2. MS 分离柱必须要经过充分的预处理才可以取得比较好的分离效果。

结果与 讨论　…	正向分选和负向分选都是目前常见的磁珠分离方案，请查 阅相关资料后讨论两种方案的优劣。

(杜冰)

实验十二　免疫磁珠分选
——NK 细胞的提取

目的要求　　熟悉从小鼠脾中分选 NK 细胞的基本操作，了解 NK 细胞分选纯化的原理和基本过程，掌握 NK 细胞提取的基本技能。

实验原理　　自然杀伤细胞（natural killer cell，NK cell），通常被归为固有免疫细胞，来源于骨髓干细胞，其分化、发育依赖于骨髓及胸腺微环境，主要分布于骨髓、外周血、肝、脾、肺和淋巴结。不同于 T、B 淋巴细胞，NK 细胞是一类可直接以非特异性方式杀伤肿瘤细胞或病毒感染细胞的淋巴细胞，在控制机体感染、肿瘤增殖及稳态方面具有重要的作用。本实验通过手术获得小鼠脾单细胞悬液，使用免疫磁珠分选方法将 NK 细胞从脾单细胞悬液中分离纯化出来。

🅵 实验材料

1　材料和试剂

（1）C57 BL/6 小鼠（6～8 周龄）

（2）0.01 mol/L，pH7.4 的 PBS 缓冲液

（3）条件培养基（NK 细胞基础培养基 +10% 胎牛血清 +1% 青霉素 /

链霉素）

（4）红细胞裂解液

（5）小鼠 NK 细胞免疫磁珠分选试剂盒（阴性分选）

2 设备和器材

设备	器材
倒置显微镜、37 ℃恒温培养箱、小型台式高速离心机、磁珠分选柱（MS分离柱）/分选管，分选器（MidiMACS Separator）/easysep 磁极。	手术器械（剪刀、镊子，均经高温灭菌）、1 mL 无菌注射器、40 μm 孔径细胞滤网、细胞培养板、培养皿、离心管、移液器等。

操作步骤

1. 小鼠脾淋巴细胞分离

（1）颈椎脱臼法处死小鼠，将小鼠浸泡在 75% 乙醇中消毒 5 min（注意：浸泡时注意将小鼠的腹腔朝下，以保证对于腹部的消毒效果）。

（2）将小鼠腹面朝上放置在超净工作台中，用无菌的剪刀和镊子剪开小鼠左侧下腹部皮肤，分离出小鼠脾并置于孔径为 40 μm 的细胞滤网上，每个脾滴加 4~5 mL PBS，用 1 mL 规格注射器活塞尾部平整端轻轻研磨脾组织，同时轻轻晃动滤网，使脾细胞充分过滤至下方培养皿中。

（3）将过滤后的脾细胞转移到 15 mL 离心管中，并添加 2 mL 无血清基础培养基，然后在 4 ℃，2 000 r/min 的条件下离心 5 min，保留细胞沉淀，弃去上清液。

（4）为充分裂解残余的红细胞，取 5 mL 红细胞裂解液将沉淀后的细胞重悬，室温孵育 2 min 后添加同体积 PBS 缓冲液。然后在 4 ℃，2 000 r/min 的条件下离心 5 min，保留细胞沉淀，弃去上清液。

（5）根据细胞沉淀的量使用适量 PBS 重悬细胞并计数，并根据试剂盒说明书的要求将细胞调整至合适浓度。

2. NK 细胞的磁珠分选

（1）将分选抗体混合物（生物素标记的抗体）添加到单细胞悬液中（负向分选），混匀后在 4 ℃冰箱（或置于冰上）孵育 10 min。

（2）在上述混合物中加入适量的 anti-biotin 磁珠，混匀后放置于 4 ℃冰箱（或置于冰上）孵育 3~5 min。

（3）将上述试管放到磁极中，孵育 3～5 min。

（4）从分离装置（磁体）中倒出或者吸出目的细胞（倾倒时使液体自然流下，吸取时应小心操作）。4 ℃，2 000 r/min 离心 5 min，弃上清液，用条件培养基重悬细胞，放置培养箱中培养。

注意事项

1. 研磨脾的时候不可用力过猛，避免对细胞造成伤害。

2. 分选过程中注意轻柔操作，裂解红细胞不可时间过长。

结果与讨论 ⋯⋯ 如何在操作中提高 NK 细胞的分选纯度与活率。

（杜冰）

实验十三　免疫细胞花结试验
——细胞表面标志的检测

目的要求　　复习和巩固免疫细胞表面特异性受体的检测原理和方法，了解淋巴细胞形成花结的实验原理及其对机体免疫功能评价的重要意义，学会利用免疫细胞花结试验对淋巴细胞进行初步分型。

实验原理　　不同的免疫细胞表面都含有各种不同的表面标志分子，这些细胞特异性的标志分子往往是我们进行细胞分型的重要指标之一。免疫细胞花结试验就是利用细胞表面某些特定受体可以直接或者间接和绵羊红细胞结合的原理，以绵羊红细胞作为指示，通过花结的形成与否对待测细胞进行检测。根据形成花结的机制不同，免疫细胞花结可以分为 E 花结、EA 花结和 EAC 花结等。

1. E 花结

T 细胞表面的 CD2 分子即绵羊红细胞（erythrocyte，E）受体，简称为 E 受体，能与绵羊红细胞表面糖肽结合。在一定的实验条件下，T 细胞能通过 E 受体在其周围结合多个绵羊红细胞，在光学显微镜下呈玫瑰花状，故称 E- 玫瑰花结试验（E-rosette test）。根据操作流程不同，E 花结试验可分别用来测定总花结的 T 细胞数（Et）、活性花结的 T 细胞数（Ea）以及稳定花结的 T 细胞数（Es）。活性 E- 玫瑰花结形成细胞

（Ea）比例能反映机体的细胞免疫水平，而一般的 E- 玫瑰花结（Et）比例只能反映 T 细胞总数。稳定花结的 T 细胞数（Es）则反映机体 T 细胞免疫的水平。E 花结试验简单、易行，但重复性和稳定性较差。

2. EA 花结

将绵羊红细胞（E）与其相应的抗红细胞 IgG 抗体（antibody，A）致敏成 EA 复合物，EA 的 Fc 段能与 B 细胞的 Fc 受体结合成花结即 EA 花结。凡形成 EA 花结的细胞即为 Fc 受体阳性细胞，因此可用此方法来对淋巴细胞中的 B 细胞进行检测。除 B 细胞外，还有单核细胞、中性粒细胞、K 细胞、NK 细胞也具有 Fc 受体，实验中应避免其干扰。

3. EAC 花结

EAC 是红细胞 - 抗红细胞抗体 - 补体（erythrocyte-antibody-complement，EAC）复合物的简称。B 细胞表面的补体受体（CR）能与补体 C3 的裂解成分（C3b、C3d）特异性结合。利用抗绵羊红细胞的特异性 IgM 抗体致敏绵羊红细胞（EA）与补体传统途径激活而产生的 C3b 结合形成 EAC 复合物，当 EAC 上的 C3b 与被检细胞上补体受体结合时，EAC 围绕于其表面形成花结。在人类淋巴细胞中，T 细胞不存在补体受体，但部分单核细胞、巨噬细胞以及 NK、K 细胞表面也存在补体受体，容易对结果造成误判。

ⓐ 实验材料

1　材料和试剂

（1）绵羊红细胞：用新采集的脱纤维羊血或保存于 Alsever 保存液中的羊血，也可购得（羊血保存方法：2 份脱纤维羊血加 1 份 Alsever 保存液混匀，4 ℃可保存 2 周）

（2）Alsever 红细胞保存液

(3) Hank's 液

(4) 肝素抗凝剂

(5) 6.0 g/L 乳清蛋白水解物(lactalbumin hydrolysate) 溶液 -10% 小牛血清

(6) 0.8% 戊二醛

(7) 0.9% 生理盐水

(8) 淋巴细胞分离液

(9) 染色液：pH7.0～7.4，0.067 mol/L 磷酸缓冲液 10 mL 加 6 滴姬姆萨染液及 1 滴瑞氏染液配成

2 设备和器材

设备	器材
离心机、普通光学显微镜、冰箱、水浴锅等。	离心管、血细胞计数板、载玻片、盖玻片、移液器（200 μL）、细滴管等。

操作步骤

1. 绵羊红细胞的处理

将绵羊红细胞（SRBC）用 5～10 倍量的 Hank's 液或生理盐水洗 3 次，2 500 r/min 离心 10 min，吸弃上清液，用 Hank's 液配成 1% SRBC 悬液，约为 $2×10^8$ 个 /mL。

2. 淋巴细胞的分离

见附录 3（35）。

3. Et 花结

取 0.1 mL 淋巴细胞液加 0.1 mL SRBC [二者比例为 1∶（100～200）] 混匀，置 37 ℃ 水浴 5 min，500 r/min 低速离心 5 min 后，4 ℃冰箱静置 2～4 h，加入 0.8% 戊二醛 0.2 mL，于 4 ℃固定 20 min，弃去上清液，轻轻混匀沉淀细胞，推片，自然干燥。置染色液中染色 10 min，水洗后干燥。高倍镜或油镜下检查 200 个淋巴细胞，凡结合有 3 个以上（包括 3 个）SRBC 者为花结形成细胞，计算花结形成率。正常人 Et 参考值为 64.4±6.7。

4. Ea 花结

基本同 Et 花结试验，不同之处为将 1% SRBC 配成 0.1% 悬液，约为 $2×10^7$ 个 /mL，使之

与淋巴细胞之比为 10∶1，混合后 1 500 r/min 离心 5 min，离心后立即加入 0.8% 戊二醛固定，然后染色、涂片、计数。Ea 参考值为 23.6±3.5。

5. Es 花结

方法同上，不同的是将淋巴细胞加入 SRBC 后稍加振荡，立即放入 37 ℃ 水浴 30 min，加入 0.8% 戊二醛固定后计数。Es 参考值为 3.3±2.6。

在显微镜下，淋巴细胞呈蓝紫色或淡蓝色，SRBC 为无色，一个淋巴细胞周围凡吸附 3 个或 3 个以上 SRBC 即为特异性玫瑰花结，计算 200 个淋巴细胞，算出花结形成率。SRBC 必须与淋巴细胞膜附着为准。

注意事项

1. Et 花结

（1）死亡的淋巴细胞不能与 SRBC 形成 E 花结。淋巴细胞在 37 ℃ 中放置 45 min 后，SRBC 受体自行脱落，这两种情况可使 E 花结形成率明显减少。

（2）温度能影响花结的形成，故全部操作在 37 ℃ 水浴中进行，使实验条件一致，不受外界条件变化影响。此外，SRBC 与淋巴细胞在 4 ℃ 反应的时间最好为 4 h，至少 2 h，且在 4 ℃ 形成的 E 花结在 37 ℃ 极易解离，故从 4 ℃ 取出后应立即固定计数。

（3）SRBC 与淋巴细胞之比以（100～200）∶1 为宜。

（4）小牛血清对花结的形成有明显的增强作用，一般采用的最终浓度为 10%，但小牛血清个体差异较大，需预试选取合适的血清，经 56 ℃ 灭活 30 min，并用 SRBC 吸收后使用，以免血清中的嗜异性抗体导致 SRBC 凝聚。

（5）戊二醛在临用前新鲜配制，用 0.45% 生理盐水配制较好，因 Hank's 液配制的固定剂呈高渗溶液，可使红细胞皱缩。

（6）全部操作要轻柔，切忌用毛细吸管强力吹打，以免 SRBC 由淋巴细胞上脱落，用戊二醛固定可使 SRBC 固定于淋巴细胞上。

2. Ea 花结

掌握 SRBC 与淋巴细胞之比在 10∶1 左右，不要超过 20∶1，两者混匀后立即固定。

3. Es 花结

严格掌握 37 ℃孵育时间为 30 min。计数前需剧烈振荡。

结果与 讨论　…	结合免疫花结试验的原理和方法，设计一个实验对多发性硬化症患者体内的免疫细胞组成变化进行分析，并推测可能的实验现象。

(任华)

实验十四　补体依赖的微量淋巴细胞毒试验
——HLA 血清分型

目的要求　　复习和巩固补体依赖的微量淋巴细胞毒试验的基本原理和用途，掌握补体依赖的微量淋巴细胞毒试验的操作方法及其在免疫学功能检测领域的应用。

实验原理　　人类白细胞抗原（HLA）是由 HLA 基因复合体编码的一组抗原，具有高度多态性，是目前所知人体最复杂的遗传多态性系统。HLA 研究涉及免疫学、遗传学、分子生物学、医学等多个学科，并已发展成为一个独立的学科分支。HLA 血清学分型是：将待检的淋巴细胞与相应抗体结合形成抗原抗体复合物，在补体的参与下，引起淋巴细胞膜损伤，导致细胞膜的通透性增加、细胞死亡。染料（如：伊红 -Y、台盼蓝）可通过细胞膜进入细胞内使细胞着色，故可用于指示死细胞或濒死细胞，而活细胞不着色。通过显微镜计数死亡细胞占总细胞的比例，计算细胞死亡率，从而推断淋巴细胞表面 HLA 的分型。此即补体依赖的细胞毒试验，由于该分型实验是在微量反应板中进行，分型血清、淋巴细胞和补体用量少，故称补体依赖的微量淋巴细胞毒试验。

利用补体依赖的微量淋巴细胞毒试验可以进行 HLA 血清分型，HLA 血清分型实验可以应用于：器官和骨髓移植前供受者 HLA 配型、研究 HLA 与某些疾病的相关性、法医鉴定、亲子鉴定和遗传学研究。

1 材料和试剂

(1) 淋巴细胞悬液

(2) HLA 分型板

(3) 补体（豚鼠新鲜血清并经小鼠胸腺细胞吸收，预先测定效价并稀释为最佳稀释度）

(4) 肝素抗凝剂（1 000 U/0.5 mL）

(5) 淋巴细胞分离液（相对密度 1.007）

(6) Hank's 液

(7) 其他试剂：5% 伊红 -Y 染料、液体石蜡、12% 中性甲醛

2 设备和器材

设备	器材
水浴锅、离心机、普通光学显微镜、37 ℃恒温培养箱。	血细胞计数器、吸头、移液器（10 μL 或 20 μL）、载玻片、盖玻片、试管、96 孔板、离心管等。

操作步骤

1. HLA 板准备

在 96 孔板每孔加入一定量的液体石蜡。然后加入 1 μL 各种已知的对照血清和特异性抗血清，放置于 −80～−70 ℃冰箱中预冷备用。或者市售 HLA 分型标准板，随分型板附有各孔包被的标准分型血清位置表。

2. 淋巴细胞悬液制备

见附录 3。

3. 加淋巴细胞悬液

将含有已知抗体的 HLA 板解冻，平衡至室温。在各孔中加入 2×10^6 个 /mL 淋巴细胞悬液 1 μL，混匀后至室温 30 min。

4. 加补体

各孔中加入补体 5 μL, 混匀后, 室温放置 60 min。

5. 固定

在上述各孔中添加 5% 伊红 -Y 水溶液 3 μL, 混匀后置室温 3~5 min。最后, 在孔中加入 12% 中性甲醛溶液 8 μL, 固定, 终止反应。

6. 镜检

先在低倍镜下观察, 再用高倍镜观察, 死亡细胞呈红色, 活细胞透明而不着色, 计数 200 个以上总细胞数和其中的死亡细胞数, 计算出死亡细胞百分率, 判断结果 (表 2-1)。

$$死亡细胞的百分率 = \frac{死细胞的数目}{计数细胞总数} \times 100\%$$

表 2-1　微量淋巴细胞毒试验的判定标准

死亡细胞百分率 /%	记分	判断结果
0~10	1	阴性
11~20	2	微弱阳性
21~40	4	弱阳性
41~80	6	阳性
81~100	8	强阳性

注意事项

1. 细胞活性直接影响实验结果, 应取新鲜分离的淋巴细胞, 放置时间不能超过 12 h, 否则淋巴细胞会自然损伤, 影响实验结果判断。

2. 为避免个体差异, 应采集 3 个以上动物个体的血清混合后作为补体使用。

3. 实验用品要清洁, 避免各种可能的干扰因素影响实验结果。

4. 显微镜下细胞计数时间尽量短, 避免长时间操作对细胞自然损伤。

目前法医亲子鉴定的主要依据是对特征性遗传标记的 DNA
测序，结合本实验的内容，试探讨 HLA 血清分型实验与
DNA 测序分析之间各自的优缺点。

(任华)

PART3.

第三部分

可溶性免疫分子检测技术

实验十五 补体溶血试验
——补体活性的评价 ....

目的要求　　了解补体在机体防御机制中所发挥的重要作用，熟悉补体溶血反应的基本操作步骤和应用范围，能够独立完成对未知血清中总补体活性（CH_{50}）的检测工作。

实验原理　　抗体与其特异性抗原靶细胞（红细胞、细菌或其他组织细胞）结合后，在有补体的存在下，可激活补体并导致靶细胞呈现裂解的状态。通常按照抗原种类的不同，将此类裂解反应分别称为溶血反应和溶菌反应等。

　　　　　　　补体溶血试验是指绵羊红细胞（SRBC）与其特异性抗体（溶血素）结合后，可诱导并激活待测血清中的补体，通过补体的经典激活途径，最终由补体在 SRBC 膜上形成攻膜复合物，从而导致 SRBC 溶血，并释放出血红蛋白的现象。其溶血率与补体的含量密切相关，一般补体含量与溶血率之间呈正相关性，其实验结果可采用补体含量为横坐标，溶血率为纵坐标作图并分析，而近似 "S" 形曲线的图形中，在溶血率约为 50% 的数值区间，其波形图可呈现出近似直线的态势，若此时补体含量出现微量的变化，即可导致溶血率发生明显的改变。为此，一般其反应的终点判定是以达到 50% 溶血率为标准，故补体溶血试验又被称为 50% 溶血试验（complement hemolysis 50%），简称为 CH_{50} 试验。通常每个 CH_{50} 单位是指促使 50% 被溶血素结合的 SRBC（致敏 SRBC）样品溶血所需的补体量。在临床上，CH_{50} 值在下列病患体内通常都表现为下降，如系统性红斑狼疮（systemic lupus erythematosus, SLE）、肾小球肾炎（glomerulonephritis, GN）或其他免疫复合物病（immune complex disease）等。

---

❶ 实验材料

1 材料和试剂

（1）待检人血清
（2）Alsever 红细胞保存液
（3）SRBC 悬液
（4）溶血素

（5）补体
（6）0.01 mol/L，pH7.4 的 PBS 缓冲液
（7）1.8% NaCl 溶液

2 设备和器材

设备	器材
恒温水浴锅（37 ℃）、分光光度计、离心机。	小试管、吸管、三角烧杯、微量加样器等。

操作步骤

1. 1∶20 稀释血清的配制

取新鲜待检人血清 0.2 mL，加入 0.01 mol/L pH7.4 PBS 缓冲液 3.8 mL，即配制成为 1∶20 稀释血清。

2. 50% 溶血标准管的配制

取 2% SRBC 悬液 0.5 mL，加 2.0 mL 蒸馏水，充分混匀，并使 SRBC 全部溶解，然后加入 2.0 mL 1.8% NaCl 溶液使其校正为等渗溶液，再加入 2% SRBC 悬液 0.5 mL，即成为 50% 溶血状态，混匀后取该悬液 2.5 mL，随试管一起进行温育，即可制成 50% 溶血标准管。

3. 实验相关试剂配比

按表 3-1 所示，加入实验所需的相关试剂，充分混匀后置于 37 ℃ 恒温水浴锅温育 30 min。

表 3-1 CH_{50} 试验测定总补体活性

试管编号	1:20 稀释血清 /mL	PBS 缓冲液 /mL	2 U 溶血素 /mL	2% SRBC/mL
1	0.10	1.40	0.5	0.5
2	0.15	1.35	0.5	0.5
3	0.20	1.30	0.5	0.5
4	0.25	1.25	0.5	0.5
5	0.30	1.20	0.5	0.5
6	0.35	1.15	0.5	0.5
7	0.40	1.10	0.5	0.5
8	0.45	1.05	0.5	0.5
9	0.50	1.00	0.5	0.5
10	0.00	1.50	0.5	0.5

4. 实验结果比对和计算

温育后将所有试管和标准管进行离心（2 500 r/min，5 min），选择实验试管的上清液溶血程度与 50% 溶血标准管相近的两管在分光光度计上分别读取吸光度 A_{542}（pH7.4 PBS 缓冲液作为空白调零），以最接近 50% 溶血标准管的试管作为最高有效反应管，取其稀释倍数根据下列公式求得 CH_{50} 值（单位：U/mL）。

$$CH_{50} = \frac{1}{血清用量} \times 稀释倍数$$

注意事项

1. 补体不耐热，血清标本须新鲜采集，在室温放置一般不超过 2 h，否则应迅速分离出血清，冷冻保存待检。

2. 过度振荡、酸、碱、醇等理化因素均能使补体灭活，缓冲液、SRBC 均应新鲜配制，如被细菌污染，会导致自发溶血。

3. 实验操作中影响因素较多，如绵羊红细胞浓度、溶血素量、离子强度、pH、反应时间、反应总体积和温度等均应在每次实验中严格控制，以获得准确结果。

| 结果与讨论 ... | 补体的活性是机体免疫功能的一项重要指标，临床上多种疾病的发生都会造成体内补体活性的变化，请结合本次实验探讨补体溶血试验在疾病临床检测中的重要意义。 |

（章平）

实验十六　酶联免疫吸附试验
——分泌型蛋白质的检测

目的要求　复习和巩固免疫标记技术的基本原理，掌握酶联免疫吸附试验的原理和操作步骤，并了解其在分泌型蛋白质检测中的重要应用。

实验原理　免疫酶技术将抗原抗体的特异性免疫反应与酶的高效催化作用有机结合，使酶标记物同时具有免疫结合性和化学反应性。酶标记物同时具有制备容易、稳定、价廉，可在低温下长期保存等优点，且技术应用范围广泛，可以对微量的抗原或抗体进行定位和定量分析，有效地弥补了放射免疫技术和免疫荧光技术对实验设备要求较高的不足。按照测定方式的不同可将免疫酶技术分为免疫酶组织化学法和免疫酶测定法：
酶联免疫吸附试验（enzyme-linked immunosorbent assay, ELISA）是免疫酶技术中应用最为广泛的一种技术，1971年首次由 Engvall 和 Perlman 提出。其原理是首先将抗原或抗体结合到某种固相载体的表面，随后加入对应的抗原或抗体与酶共价结合形成的酶复合物与之反应；整个过程中抗原、抗体和酶均能保持其免疫学活性和酶学活性，当免疫酶复合物上的酶遇到相应底物时，底物被催化水解、氧化或还原，产生有色的物质，且颜色的深浅与相应的抗体或抗原量成正比，因此可根据颜色的深浅来定量抗体或抗原。酶联免疫吸附技术特异性强、灵敏度高（能检测到纳克级的抗原或抗体物质），操作简便，具有很好的稳定性，对环境污染较少，已经成为免疫学实验中不可缺少的技术。常见的 ELISA 检测方法包括：间接法、双抗体夹心法和竞争法。

🔬 实验材料

1 材料和试剂

（1）抗原：鼠血清 γ- 球蛋白

（2）抗血清：兔抗 γ- 球蛋白

（3）酶标二抗：HRP 标记羊抗兔免疫球蛋白抗体

（4）包被液（CBS）

（5）10×pH7.4 磷酸缓冲液（10×PBS）

（6）洗板液（PBST）

（7）血清与酶结合物稀释液

（8）OPD 底物缓冲液（PCS）

（9）OPD 底物显色液

（10）酶终止液（2 mol/L H_2SO_4）

2 设备和器材

设备	器材
酶标仪、37 ℃恒温培养箱。	聚苯乙烯酶标板、移液器、稀释板、烧杯、湿盒、吸水纸、棕色瓶等。

操作步骤

本实验采用间接 ELISA 法，抗原结合到固相载体上，再加入抗血清与相应抗原反应，最后加酶标二抗，通过酶使底物发生显色反应。

1. 包被抗原

用包被液（CBS）将 γ- 球蛋白稀释至最适浓度后加入相应的酶标板中（100 μL/ 孔），4 ℃湿盒中孵育过夜（18～24 h），同时设立空白对照（孔中加入 100 μL CBS 溶液）。次日，倾尽酶标板中的液体（可倒扣在吸水纸上拍打），每孔注满洗板液 200 μL，静置 1～3 min，倒去，再注满，重复洗板 3～5 次。

2. 加入血清

抗 γ- 球蛋白抗体用血清稀释液倍比稀释后，依次加入不同孔中，100 μL/ 孔，同时设 PBS 空白对照孔（PBS 替代抗血清），置湿盒中 37 ℃孵育 1 h。同上洗板 3～5 次。

3. 加入酶标二抗

将酶标二抗用稀释液稀释至工作浓度后，每孔加入 100 μL，置湿盒中 37 ℃孵育 1 h。同上洗板 5～7 次。

4. 加入酶底物显色液

将新鲜制备的底物显色液（底物必须用前现配，并置棕色瓶内）加入每个孔中，100 μL/ 孔，置湿盒中 37 ℃反应一定时间。

5. 终止反应

肉眼观察，待呈现明显的显色反应后，加入酶终止液 50 μL/ 孔以终止反应。15 min 内在酶标仪上读取 A_{492} 的数值。

6. 观察结果

（1）肉眼观察法

判断结果需以白色为背景，空白对照应为无色，阳性与阴性血清应有明显的色差；同时待测血清的色泽应随稀释度的变化而异，不应出现高稀释度的孔深于低稀释孔的现象（图 3-1）。

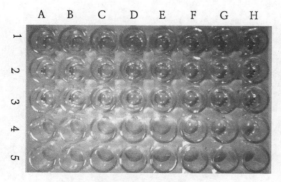

［图 3-1］ ELISA 板显色结果
从 A 至 H，依次为高稀释度至低稀释度，反应颜色由浅至深
1～5 代表不同的样本

当待测血清的色泽浅于或等于阴性对照孔的色泽，则判为阴性；而当待测血清的色泽深于阳性对照孔时，依次按 +、++、+++ 等来判断其色泽的深浅，颜色越深，则阳性反应越强。

(2) 分光光度测定法

反应的精确判断应用酶标仪测定每孔的吸光度值，测定的波长为 492 nm。为排除由于气泡、灰尘等其他系统误差造成的吸光度值偏差，可以设定一个波长远离吸收波长的校正波长作为本底吸收，进行双波长校正，可以有效减少系统误差造成的干扰。

注意事项

选择吸附性强、性能稳定的固相载体可以使平行组之间的差异明显降低，同时实验中抗体的浓度需要提前进行摸索，在最大程度上提高灵敏度、降低背景。另外，在显色过程中应控制好颜色的深浅，过高的显色会造成仪器的误判断。

结果与讨论 ⋯	根据间接 ELISA 法的基本原理，设计一种能够定量检测可溶性抗原浓度的方法。

(任华)

实验十七　免疫印迹技术
——蛋白质抗原的检测

目的要求　复习和巩固免疫印迹技术的基本原理，熟悉该技术的基本操作步骤和实验方法，了解免疫印迹技术在蛋白质检测技术中的广泛应用，并能够利用该技术对目的蛋白进行定性、定量分析。

实验原理　免疫印迹（Western blotting）技术又称蛋白质印迹技术，是一种重要的蛋白质分析技术，最初由 Towbin 等于 1979 年创立，由凝胶电泳、样品印迹与免疫检测三部分组成。该技术通常与聚丙烯酰胺凝胶电泳相结合，将蛋白质等生物大分子在凝胶中按分子量大小进行分离，然后转移到固定化纸上或膜上，随后滤膜上的靶蛋白与相应特异性抗体反应，最后用标记的二级免疫学试剂检测。常用的固相材料有酸基纤维素纸（如硝酸纤维素膜和乙酸纤维素膜），PVDF（polyvinylidene-fluoride）膜和尼龙衬底的膜，其中硝酸纤维素膜（NC 膜）最为常用。转移方法通常采用电转移。电转移分为半干法和湿法，转移过程涉及疏水作用，离子键及氢键的形成。免疫检测的方法分为直接法和间接法，常用的为间接法，用酶或同位素标记的二抗与靶蛋白的一抗相杂交，经过底物直接显色或放射自显影，以检测目的蛋白的表达水平。显影技术分为底物直接显色、底物化学发光、底物荧光发光与放射自显影等，最常用的是辣根过氧化物酶标记的显色系统。

免疫印迹技术结合了凝胶电泳的高分辨率和固相免疫技术的特异性和高灵敏性，可测出 1～5 ng 中等大小的待测蛋白。

实验材料

1 材料和试剂

（1）目标蛋白样品

（2）丙烯酰胺储存液

（3）4× 分离胶缓冲液

（4）4× 浓缩胶缓冲液

（5）10% 过硫酸铵（APS）

（6）TEMED

（7）电泳缓冲液

（8）5× 上样缓冲液

（9）转移液

（10）丽春红 S 染液

（11）PBS

（12）PBST

（13）封阻液

（14）一抗稀释液：PBST+1% BSA（牛血清蛋白）

（15）二抗稀释液：PBST+5% 脱脂奶粉

（16）DAB 底物显色液

（17）标准分子量蛋白质（marker）

2 设备和器材

设备

电泳仪、电泳槽、转移槽、离心机、37 ℃恒温培养箱、水浴锅（沸水）。

器材

滤纸、硝酸纤维素膜（NC 膜）、湿盒、镊子、烧杯、一次性手套、玻璃试管、微量加样器、移液器（1 mL、200 μL、20 μL）。

操作步骤

（一）电泳（以变性凝胶电泳为例）

1. 制胶

（1）10% 分离胶 5 mL

ddH$_2$O   1.9 mL

丙烯酰胺储存液	1.7 mL
4× 分离胶缓冲液	1.3 mL
10% APS	50 μL
TEMED	5 μL

小心将凝胶沿玻璃板壁缓慢加入模具内，至距离玻片顶端 1.5 cm 处，轻轻在分离胶上覆盖约 2 mm 的水层，使分离胶顶端光滑。待分离胶凝固后，弃去水层，用滤纸吸干。

（2）5% 浓缩胶 3 mL

ddH₂O	2.1 mL
丙烯酰胺储存液	0.5 mL
4× 浓缩胶缓冲液	0.38 mL
10% APS	30 μL
TEMED	5 μL

在分离胶上灌入浓缩胶至玻璃板顶端，立刻插入上样梳，倾斜插入可以减少气泡生成。待浓缩胶凝固后小心拔出梳子，用蒸馏水冲洗上样孔。将制备好的凝胶放入电泳槽，在槽中倒入电泳缓冲液至浸没全部凝胶。

2. 电泳

（1）样品的制备与上样：在目的蛋白样品中加入 1/5 上样缓冲液后混匀；沸水煮 2～5 min，12 000 r/min 快速离心 1 min 去除不溶性物质；用微量加样器或移液器将样品加入样品孔中，蛋白质上样量一般为 30～100 μg，每块凝胶加一份标准分子量蛋白质。

（2）电泳：在 0～4 ℃条件下（冰浴）恒压 200 V 电泳，待染料指示剂迁移至凝胶底端 5 mm 处，结束电泳，取出凝胶。

（二）电转移

（1）戴上一次性手套，准备 6 张滤纸，1 张硝酸纤维素膜（NC 膜），裁剪成与凝胶等大。将滤纸、NC 膜与凝胶浸泡于预冷的转移液中平衡数分钟。

（2）打开转移盒，将用转移液浸没的海绵垫放在塑料板黑面（阴极）的多孔垫片上，再逐张叠放 3 张经转移液平衡过的滤纸，精确对齐后用玻璃管作滚筒排出气泡。

（3）将凝胶对齐叠放于滤纸上，将 NC 膜放在凝胶上，用玻璃试管滚动挤去气泡，再放上 3 张滤纸，1 层多孔垫片，用塑料板夹紧。

（4）按凝胶阴极、NC 膜阳极，组装好转移装置，将整个装置置于冰浴中，400 mA 转移

90 min。

（5）转移结束后，将 NC 膜用丽春红 S 染液染色 1 min，蒸馏水漂洗后，观察转膜结果。

（三）免疫检测

1. 封阻

将 NC 膜用镊子放入容器中（培养皿或自封袋），加入封阻液，液面须没过膜表面。4 ℃摇床振荡（120 r/min）封闭 1～3 h。倾去封闭液后加入 PBST，摇床中振荡（120 r/min）洗涤 4 次，每次 5 min。

2. 加抗原特异性抗体

弃去 PBST，将特异性抗体用抗体稀释液稀释至工作浓度，与 NC 膜 4 ℃孵育过夜，摇床振荡（120 r/min）。加入抗体时应注意避免产生气泡，从而阻断蛋白质与抗体相互作用。次日，弃去抗体溶液后加入 PBST，同上振荡洗涤 4 次。

3. 加酶标记抗体

弃去洗液，将酶标记抗体稀释至工作浓度，与 NC 膜 37 ℃孵育 1～3 h 或 4 ℃过夜。摇床振荡（120 r/min）。弃去抗体溶液，换成 PBST 溶液，如上振荡洗涤 4 次。

4. 显影

弃去洗液，加入现配制的底物显色液，轻轻晃动 NC 膜，观察显色结果，出现棕色条带后，用双蒸水漂洗以终止显色反应。吸干膜表面水分，扫描或拍摄显色结果。由于信号会随着时间延长而褪色，所以必须尽快保存结果。

注意事项

1. 丙烯酰胺为神经毒剂，操作时需要戴一次性手套。10% 过硫酸铵应现用现配，不宜长期储存，易失活。

2. 在转移步骤时应戴手套，用镊子或戴手套将膜放入装置内。滤纸之间、滤纸与转移膜之间应精确对齐，避免产生气泡。

3. 电转移时注意电流大小，保持电流通畅，最好将转移槽置于冰浴中（可将电泳槽放置于盛有碎冰或冰袋的盆中），过高电流产生的热量会使转移失败。凝胶位于阴极，转移膜则位于阳极。

4. 一抗和二抗的稀释倍数与孵育条件需要摸索，常规条件为 37 ℃、1～2 h 或者 4 ℃过夜。每次 PBST 洗涤要彻底，防止背景色过高。

5. 如果显色后未出现目的条带，或者条带很淡，可尝试重加染色液或者重新曝光，延长曝光时间。

结果与讨论 ⋯

免疫印迹技术已经被广泛地应用于生命科学的各领域，尤其是对于细胞信号转导的研究，利用该技术可以对细胞内瞬时的信号转导过程进行检测。结合本实验内容，试设计一个检测 TNF-α 刺激后细胞中 NF-κB 信号通路变化的实验方案。

(任华)

实验十八 免疫共沉淀技术
——蛋白质相互作用研究

目的要求　　了解蛋白质相互作用的基本研究手段和应用范围，熟悉免疫共沉淀技术的原理和操作步骤，能够根据研究的需要设计合理的实验方案验证蛋白质间的相互作用。

实验原理　　生命体内的遗传信息由基因编码经转录、翻译、加工等过程传递到相应的蛋白质分子中，使其具有特定的生物学功能。然而这些蛋白质并不是独立发挥作用的，研究表明细胞内的信号转导需要通过不同蛋白质之间的相互作用才能够在特定的时期实现相应的功能，通过这种蛋白质之间的相互作用可以将细胞外或者细胞内的信号有效地传递到效应细胞器，最终达到调控细胞生理活动的目的。因此，蛋白质之间相互作用的研究对于深入探索蛋白质生物学功能，以及阐明细胞信号网络的作用机理具有十分重要的意义。

随着蛋白质组学研究的不断深入，研究蛋白质间相互作用的技术手段也越来越系统、全面。目前常见的技术主要有酵母双杂交技术、GST Pull-Down 技术、串联亲和纯化技术以及免疫共沉淀技术等。其中免疫共沉淀技术已经广泛地被运用于蛋白质相互作用研究领域，其原理非常简单：使用非变性条件的方法裂解细胞后，完整细胞内存在的多种蛋白质之间的相互作用也被保留了下来，这个时候如果用蛋白质复合物中某种已知蛋白的抗体与之相互作用，原先的蛋白质复合

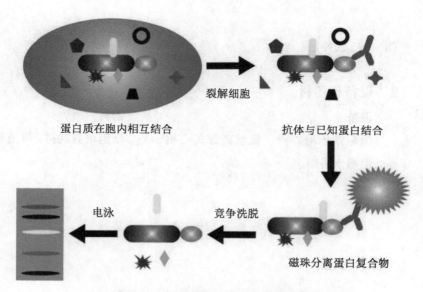

裂解细胞

蛋白质在胞内相互结合

抗体与已知蛋白结合

电泳

竞争洗脱

磁珠分离蛋白复合物

[图 3-2] 免疫共沉淀技术原理示意图

物就会与抗体结合形成新的复合物，然后用偶联有 SPA 蛋白（能够非特异性结合 IgG）的琼脂糖或磁珠就可以把这种蛋白质复合物从裂解液中沉淀出来，最后通过一系列蛋白质组学分析就可以找到与已知蛋白发生相互作用的目的蛋白（图3-2）。由于免疫共沉淀技术具有：①最大程度上保证了蛋白质的天然活性；②避免了人为因素的影响；③可以分离得到天然状态的相互作用蛋白质复合物等优点，目前它已经成为蛋白质组学领域一项重要的研究手段。

🔬 实验材料

1　材料和试剂

（1）人肝癌细胞系 HepG2

（2）人正常肝细胞株 HL-7702

（3）兔抗人 β-Catenin 抗体

（4）蛋白 A/G 琼脂糖

（5）RIPA（radio immunoprecipitation assay）缓冲液

（6）SDS 样品缓冲液

（7）100× 蛋白酶抑制剂混合液

(8）PBS 缓冲液

2 设备和器材

设备	器材
恒温细胞培养箱、低温高速离心机、恒温水浴锅。	细胞培养耗材、移液器、电泳装置等。

操作步骤

1. 待测细胞的预处理

（1）在 10 cm 培养皿中培养人肝癌细胞系 HepG2 或人正常肝细胞株 HL-7702 至对数生长期，用 0.25% 胰蛋白酶消化处理成单细胞悬液，并计数。

（2）按照每 10^7 个细胞加入 1 mL 预冷的 RIPA 缓冲液（含蛋白酶抑制剂混合液）的比例裂解细胞，4 ℃振荡培养 10 min 以使细胞充分裂解。

（3）裂解后的细胞放入 4 ℃离心机 12 000 r/min 离心 30 min 后，取上清液，将沉淀弃去。

2. 抗体与 IRF-4 蛋白的结合

（1）首先用 PBS 反复清洗蛋白 A/G 琼脂糖 2 次，然后用 RIPA 缓冲液将蛋白 A/G 琼脂糖稀释至 50%（体积比）。

（2）按照每毫升细胞裂解上清液加入 10 μg 抗体，置于冰上摇晃反应 3 h。

（3）在反应管中继续加入 20 μL 调整为 50% 的蛋白 A/G 琼脂糖继续反应 1 h。

（4）反应结束后 10 000 r/min 离心 15 s，使结合有蛋白质复合物的蛋白 A/G 琼脂糖充分沉淀。

3. 蛋白质复合物的电泳分析

（1）结合有蛋白 A/G 琼脂糖的蛋白质复合物用 RIPA 缓冲液洗涤 2 次，以去除非特异性结合的蛋白质分子，再用 PBS 洗涤 3 次。

（2）最后一次 PBS 洗涤后，充分吸取残余的 PBS，然后加入 60 μL SDS 样品缓冲液，95 ℃充分煮沸 5 min，10 000 r/min 离心 1 min 后取上清液电泳分析。

（3）电泳结束后，进行蛋白质染色并拍照，分析人正常肝细胞与肿瘤细胞电泳条带之间的差异。

注意事项

蛋白质的降解是影响实验结果的最重要因素之一，操作过程中应尽量保证反应始终在 4 ℃或者冰上进行，在使用 RIPA 缓冲液裂解细胞时应加入多种蛋白酶抑制剂防止细胞裂解后蛋白质被降解。

结果与 讨论 ⋯	免疫共沉淀技术是蛋白质相互作用研究的基础，之后的蛋白质分析技术也至关重要。请结合本实验结果，讨论如何利用现有的蛋白质分析技术对沉淀得到的蛋白质进行系统、全面的分析。

（杜冰）

实验十九　染色质免疫共沉淀
——基因转录调控研究

目的要求　　掌握染色质免疫共沉淀技术的基本原理，熟悉染色质免疫共沉淀技术的基本操作流程及其在基因转录调控研究中发挥的重要作用。

实验原理　　基因表达是经过转录、翻译、修饰最终产生有生物活性蛋白质的整个过程。同原核生物相似，转录是真核生物基因表达调控的主要环节。所不同的是真核基因转录主要发生在细胞核（线粒体基因的转录在线粒体内），而翻译则主要发生在胞质，转录和翻译过程是相对独立的，因此整个调控过程便有了更多的环节和复杂性，其中转录后水平的调控占有了更多的分量。与原核生物的基因不同，真核生物的遗传物质与组蛋白等一起构成染色质的结构，染色质的结构、染色质中 DNA 和组蛋白的结构状态都会明显影响基因表达调控。因此，研究蛋白质与 DNA 在染色质环境下的相互作用是阐明真核生物基因表达调控机制的重要手段之一。

染色质免疫共沉淀技术（chromatin immunoprecipitation，ChIP）是一种研究活体细胞内基因转录调控机制的手段，近年来也逐步发展成为表观遗传学中十分重要的研究技术。ChIP 技术不仅能够检测体内反式作用因子与 DNA 之间的动态作用，还可以被用来研究组蛋白修饰对于基因表达调控作用机制。随着基因芯片技术的飞速发展，利用 ChIP 结合基因微阵列技术研究染色体水平的基因表达调控机制，已经成为分析癌症、心脑血管疾病、神经系统疾病以及免疫系统疾病发生发展机制的重要手段之一。

ChIP 的作用机制并不复杂，首先通过甲醛的处理将特定状态下的蛋白质与 DNA 的相互结合固定下来；然后通过超声波破碎等方法将基因组 DNA 打碎成相对均一的 DNA 片段；再通过 DNA 结合蛋白相应的抗体将该蛋白质连同其所结合的 DNA 一起沉淀下来，并通过一系列生化方法将与蛋白质结合的 DNA 释放出来，最后通过 PCR 的方法扩增待测靶基因序列，最终通过待测序列的丰度对基因转录调控的程度进行评价（图 3-3）。

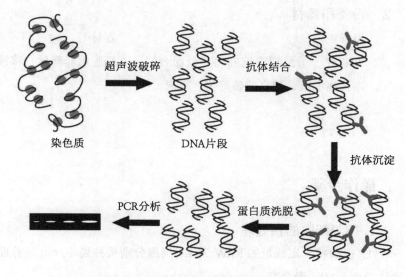

超声波破碎　抗体结合　抗体沉淀

染色质　　　DNA片段

PCR分析　　蛋白质洗脱

[图 3-3] 染色质免疫共沉淀技术原理示意图

🔵 实验材料

1　材料和试剂

（1）小鼠巨噬细胞系 RAW 264.7

（2）NF-κB p65 抗体

（3）LPS（来源于 *E. coli* 055：B5）

（4）含有 10% 小牛血清的 DMEM 培养基

（5）结晶紫染液（含有 0.05% 结晶紫的 20% 乙醇溶液）

(6) 0.01 mol/L，pH7.4 的 PBS 缓冲液

(15) 高盐洗脱缓冲液

(7) 37% 甲醛溶液

(16) LiCl 洗脱缓冲液

(8) 100% 甲醇

(17) 1×TE 缓冲液

(9) 100× 蛋白酶抑制剂混合液

(18) 甘氨酸

(10) 5 mol/L NaCl 溶液

(19) 0.5 mol/L EDTA 溶液

(11) ChIP 缓冲液

(20) pH6.5 Tris-HCl 溶液

(12) RIPA 缓冲液

(21) 蛋白酶 K 溶液

(13) 鱼精 DNA/ 蛋白 A 琼脂糖悬液

(22) 酚 / 氯仿溶液

(14) 低盐洗脱缓冲液

(23) ChIP 洗脱缓冲液

2 设备和器材

设备	器材
PCR 仪、恒温细胞培养箱、低温台式高速离心机、超声波破碎仪、摇床。	细胞培养耗材、移液器、离心管等。

操作步骤

1. 待测细胞的预处理

（1）提前将一定数量的 RAW 264.7 细胞分别接种到 10 cm 培养皿中，过夜培养至细胞到达 70%～80% 聚合度。

（2）在培养皿中加入 LPS 使其终浓度达到 100 ng/mL，37 ℃培养箱中处理 30 min。

（3）倒去培养基，用预冷的 PBS 洗涤，每 10 mL 培养基中加入 37% 甲醛溶液 270 μL，37 ℃处理 10 min，固定组蛋白与 DNA 的结合。

（4）最后加入甘氨酸使终浓度达到 125 mmol/L，室温处理 5 min 以中和多余的甲醛。

（5）用预冷的 PBS 冲洗细胞两遍后用细胞刮刀刮下细胞，离心，沉淀用 1 mL 含有 100× 蛋白酶抑制剂混合液的 ChIP 缓冲液重悬后反复吹打，使细胞充分裂解。

（6）4 ℃、12 000 r/min 离心 1 min，弃去上清液，收集沉淀。

2. 基因组 DNA 的破碎

（1）沉淀用 1 mL 加入 100× 蛋白酶抑制剂混合液的 ChIP 缓冲液重悬，放置在冰上用超声波破碎。

（2）将超声波破碎仪的功率设定到 40～50 W，每次超声时间 30 s，间隔 30 s，共超声 5 次（根据细胞种类和状态的不同需要事先调整合理的超声参数，以保证基因组能够断裂成合适的长度），整个过程中蛋白质样品管始终保持在乙醇、冰水混合液中，以保证超声过程中样品一直处于低温状态。

（3）基因组破碎结束后 4 ℃、12 000 r/min 离心 10 min，将未破碎完全的基因组 DNA 沉淀下来，按照 200 μL/管的量将上清液分装到提前预冷的小离心管中备用，取出部分上清液电泳检测超声波破碎的效果，理想的 DNA 片段大小应该位于 500～1 000 bp 之间。

3. DNA 片段的分离纯化

（1）每 200 μL 裂解上清液中加入 75 μL 鱼精 DNA/蛋白 A 琼脂糖悬液，4 ℃旋转结合 30 min，以吸附非特异性结合的 DNA。

（2）在 4 ℃、2 000 r/min 离心 1 min，以充分沉淀鱼精 DNA/蛋白 A 琼脂糖颗粒，上清液转移到新的预冷离心管中。

（3）每管裂解上清液中加入 NF-κB p65 抗体或对照动物血清各 2 μL，4 ℃旋转结合过夜，使抗体充分与 DNA 结合。

（4）次日，每管中加入 60 μL 鱼精 DNA/蛋白 A 琼脂糖悬液，4 ℃旋转结合 1 h。

（5）4 ℃、2 000 r/min 离心 1 min，以充分沉淀鱼精 DNA/蛋白 A 琼脂糖颗粒，去上清液保留沉淀，加入 1 mL 低盐洗脱缓冲液 4 ℃旋转洗脱 5 min。

（6）4 ℃、2 000 r/min 离心 1 min 后，沉淀加入 1 mL 高盐洗脱缓冲液 4 ℃旋转洗脱 5 min。

（7）4 ℃、2 000 r/min 离心 1 min 后，沉淀加入 1 mL LiCl 洗脱缓冲液 4 ℃旋转洗脱 5 min。

（8）4 ℃、2 000 r/min 离心 1 min 后用 1×TE 缓冲液充分洗脱沉淀 2 次。

（9）加入 250 μL ChIP 洗脱缓冲液旋转洗脱 15 min，4 ℃、2 000 r/min 离心 1 min 后，将上清液转入新的预冷离心管中 4 ℃保存。

（10）沉淀中再次加入 250 μL ChIP 洗脱缓冲液旋转洗脱 15 min，4 ℃、2 000 r/min 离心 1 min 后，将上清液并入前一次的上清液中，使终体积达到 500 μL。

（12）在 500 μL 洗脱上清液中加入 20 μL 5 mol/LNaCl 溶液，65 ℃放置 4 h。

（13）加入 0.5 mol/L EDTA 溶液 10 μL、pH6.5 的 Tris-HCl 溶液 20 μL 以及蛋白酶 K 溶

液 2 μL，42 ℃孵育 1 h。

(14) 加入等体积的酚 / 氯仿溶液抽提两遍，以去除 DNA 中的蛋白质。

(15) 通过荧光定量 PCR 的检测 LPS 刺激以后 NF-κB p65 结合 DNA 的变化情况。

注意事项

1. 基因组 DNA 的破碎直接关系到后期实验的效果，一定要反复摸索、确定合适的超声破碎条件，将染色体打断成理想长度的片段。

2. 染色质免疫共沉淀实验对抗体的要求较高，使用前请详细查阅产品说明书，一般来说适合 ChIP 实验的抗体会在说明书中注明。

3. 目前已经有多家公司提供商品化的 ChIP 试剂盒，为保证重要样品的实验质量，建议直接选取商品化的试剂盒进行操作。

> **结果与讨论 ⋯⋯** 荧光定量 PCR 引物的设计直接关系到特定基因启动子区域的分析成功与否，请结合 ChIP 实验的特殊要求，讨论本次实验中引物设计时应注意的问题。

(杜冰)

实验二十 病毒蚀斑试验
——Ⅰ型干扰素活性检测

目的要求　　了解病毒蚀斑试验的基本原理和流程，熟悉 VSV 病毒的培养和检测方法，能够利用该实验对机体抗病毒能力进行评价。

实验原理　　干扰素是一类由单核细胞和淋巴细胞产生的具有广泛抗病毒、抗肿瘤和免疫调节作用的可溶性糖蛋白。根据干扰素的产生细胞、受体和活性等综合因素将其分为Ⅰ型和Ⅱ型。Ⅰ型干扰素又被称为抗病毒干扰素，有 IFN-α、IFN-β 和 IFN-ω 等几种形式，主要由白细胞产生。这三种干扰素虽然在结构上有很大不同，但是其受体为同一种分子，这种受体几乎表达在所有类型的有核细胞表面，因此Ⅰ型干扰素的作用范围十分广泛，对提高机体的抗病毒能力具有十分重要的作用。Ⅱ型干扰素也被称为免疫干扰素，主要由 T 淋巴细胞分泌，只有 IFN-γ 一种，参与对免疫系统活性的调节，是体内重要的免疫调节因子。IFN-γ 的受体分子与Ⅰ型干扰素的受体不同，但同样在各种细胞中具有非常广泛的表达。

由于Ⅰ型干扰素具有十分明显的抗病毒作用，因此可以通过检测加入干扰素后细胞抗病毒感染能力的变化，从而反映出干扰素的活性。目前国际上通行的方法是采用水疱性口炎病毒（VSV）对病毒敏感细胞如人羊膜细胞（WISH）等进行侵染，通过对细胞活性变化的检测来评价干扰素对细胞的保护作用；再与干扰素标准品比较，就可以对未知干扰素的活性进行评价。此方法是以干扰素的实际抗病毒能力为检测指标，具有十分重要的实际应用价值。

🔬 实验材料

1 材料和试剂

（1）待测干扰素

（2）干扰素标准品

（3）人羊膜细胞（WISH）

（4）水泡性口炎病毒（VSV）

（5）含有 10% 小牛血清的 MEM 培养基

（6）结晶紫染液（含有 0.05% 结晶紫的 20% 乙醇溶液）

（7）0.01 mol/L，pH7.4 的 PBS 缓冲液

（8）脱色液（无水乙醇 50 mL、乙酸 0.1 mL，加水稀释至 100 mL）

2 设备和器材

设备	器材
酶标仪、倒置显微镜、恒温细胞培养箱、带有过滤装置的真空泵。	细胞培养耗材、移液器等。

操作步骤

1. VSV 病毒对 WISH 细胞的侵染

（1）将生长至对数生长期的人羊膜细胞（WISH）用含有 10% 小牛血清的 MEM 培养基重悬，使细胞数目达到 $3×10^5$/mL。

（2）在 96 孔细胞培养板中每孔加入 100 μL 细胞悬液，37 ℃培养箱中放置 6 h，使细胞充分贴壁。分别以倍比梯度稀释后的标准干扰素和待测干扰素各 100 μL 加入细胞孔中，继续培养 18～24 h。

（3）用含有 10% 小牛血清的 MEM 培养基倍比稀释 VSV 病毒至 $1×10^6$～$1×10^7$ 个 /mL。

（4）用真空泵吸去 96 孔培养板中的细胞培养上清液，在每孔中加入稀释到合适浓度的病毒悬液 100 μL，使病毒的颗粒数目与细胞数目的比例达到 1∶1 到 1∶10 之间，同时在对照孔中加入培养基 100 μL。37 ℃培养箱中培养 24 h，使病毒有效地侵染细胞。

2. 病毒侵染效果的检测

(1) 用真空泵小心吸去培养板中的上清液（上清液中含有大量的病毒颗粒，需要用 84 消毒液或者高压灭菌充分处理后才可以丢弃），然后在每孔中加入结晶紫染液 50 μL，室温染色 30 min。

(2) 用流水小心冲去染色液，并吸干残留水分，每孔加入脱色液 100 μL，轻轻摇晃培养板以使染液充分溶解，室温处理 5 min。

(3) 最后在酶标仪上用 570 nm 波长（参比波长为 630 nm）检测每孔中的吸光度值。

(4) 实验数据处理，按照下式计算实验结果：

$$待测干扰素活性（IU/mL）= Pr \times Es/Er$$

式中，Pr 为标准品生物学活性，IU/mL；Es 为待测品相当于标准品半效量的稀释倍数；Er 为标准品半效稀释倍数。

注意事项

充分的病毒活性是本次实验的关键，实验中应注意对病毒的保存，避免病毒活性的丧失影响实验结果。

结果与讨论 …… 干扰素的分泌是机体抗病毒能力的重要体现之一，为对机体抗病毒能力进行系统的评价，往往需要进行动物整体评价。请结合本实验内容，设计一个能够综合评价小鼠体内抗病毒能力的实验。

（杜冰）

PART 4.

第四部分

组织和细胞水平的
免疫检测技术

实验二十一　免疫荧光技术
——蛋白质的亚细胞定位

目的要求　　　了解荧光显微镜的工作原理并掌握其操作方法，学会利用免疫荧光技术对蛋白质进行细胞定位，并能够根据特定的研究需要对实验进行优化。

实验原理　　　免疫荧光技术（immunofluorescence technique）是以免疫细胞化学和显微镜技术为基础而形成的一项检测技术，此方法借助荧光素的示踪作用，并利用荧光素可与抗体或抗原以共价键牢固结合，但又不影响该抗体或抗原的免疫特性，其形成的免疫复合物在一定波长激发光的作用下可产生荧光，再通过荧光显微镜或流式细胞仪的检测，可以定性、定量或定位未知抗原或分析抗体的产生。免疫荧光技术具有特异、灵敏、快速等特点，但也存在非特异性染色、操作步骤稍显复杂等不足。此外，免疫荧光技术无放射性污染，这使得此方法比放射性免疫技术更具有优势。

免疫荧光技术通常可以分为直接法和间接法。

直接法：直接将荧光素标记抗体滴加至待检抗原样品上，避光温育一定时间后，漂洗除去未反应的荧光抗体，再行干燥、封片、镜检即可。此方法具有方法简便、耗时短、特异性高和非特异性染色干扰少等特点。不足之处在于，一种荧光标记的抗体只能检测一种特异性抗原，且敏感性较差。

间接法：将荧光素标记在二抗上，通过其与一抗结合而显示抗原。首先采用已知的特异抗体（一抗）与待检抗原样品反应，然后漂洗除去未反应的一抗，再用标记的抗抗体（二抗）与先前形成的抗原抗体复合物结合，使之最终形成"抗原-抗体-标记二抗"复合物，最后漂洗除去未反应的标记二抗后镜检。此方法的特点是二抗作为一种通用试剂能检测来自同一个物种的一抗，且敏感性较直接法高 4～10 倍。实验过程中为避免操作步骤较多、实验背景高给实验结果带来的影响，需设置多个对照，才能正确地判断反应结果。

🔄 实验材料

1 材料和试剂

（1）细胞或组织抗原及相应抗血清（一抗）

（2）荧光标记的羊抗兔（或小鼠）免疫球蛋白抗体（二抗）

（3）0.01 mol/L，pH7.4 的 PBS 缓冲液 –0.15 mol/L NaCl

（4）0.1 mol/L，pH8.0 的 PBS 缓冲液

（5）缓冲甘油封片剂

2 设备和器材

设备

荧光显微镜、冷冻或石蜡切片机。

器材

切片架、大烧杯、玻片、盖玻片、滤纸、手术器械等。

要求玻片和盖玻片薄而洁净、透光性好、不吸收紫外线，可经过洗涤剂充分清洗、水洗、晾干、洗液浸泡、水洗、蒸馏水冲洗，最后用 95% 乙醇浸洗 1 次，取出后用干净的绸布擦净待用。

操作步骤

根据实验材料的特点和属性，可选用下述不同的标本制备方法。

1. 标本的制备

一般常见的实验材料可以分为组织、细胞和细菌3种，其标本制作大致可分为涂片、印片和组织切片几种方法。

（1）涂片和印片

涂片法：主要适用于血液和各类脓液等的检查。可用接种针涂布待检材料，也可按血细胞涂片法制备。涂片自然晾干后须立即应用，或装在塑料袋中，−10 ℃保存，于2周内使用。

印片法：适用于肝或胰等结构疏松的组织，可将组织以手术剪刀剪碎。另外，对于创伤组织，可用滤纸将创面血液吸干，再用创面轻压玻片，使之黏上若干层细胞，晾干。亦可在玻片上涂一层蛋清，然后再黏上细胞，这可避免标本的脱落。

（2）组织切片

组织切片法是组织化学、细胞生物学中最常用的显微标本制作手段，主要分石蜡切片法和冰冻组织切片法两种。

石蜡切片法：操作同一般石蜡切片法（此处略），其主要特点是石蜡块可长期保存，用普通切片机即可，而不需要低温切片机。此法操作较为复杂，且结果不够稳定，非特异性荧光染色较强。

冰冻组织切片法：其最主要的特点是可很好地保持组织和细胞的免疫原性，且可自动设定操作步骤，耗时较短，切片自发荧光较少，特异性荧光强。常规采用快速冷冻，可在−25～−16 ℃的低温下将冷冻组织进行切片，切片厚度应在4 μm以下，过厚则自发荧光的概率会增加。完成切片后应迅速将其贴在玻片上，不可皱折或重叠，并立即晾干和固定。

（3）组织培养标本

主要适用于贴壁细胞。通常是在培养瓶中放入盖玻片，待培养的细胞在上面贴壁生成单层细胞后，可取出直接晾干后固定。

2. 标本的固定和保存

在标本固定时，还需注意保持细胞形态的完整性，固定的同时需保护细胞膜通透性，以利于抗体和抗原反应，不破损胞内抗原。标本经过固定后可以达到以下效果：①避免组织切片或细胞从玻片上滑落；②消除妨碍抗原抗体结合的脂质，使该复合物能够达到较佳的染色效果；③可以使所固定的样品易于保存。常用的固定方法见表4-1。

表 4-1　各类常规抗原的固定方法

抗原	固定剂	固定方法
蛋白质	95% 乙醇	室温，3～15 min
免疫球蛋白	丙酮	4 ℃，30 min
酶	四氯化碳	4 ℃，30 min
激素	1% 多聚甲醛	4 ℃，4～5 h
病毒	丙酮、无水乙醇	室温，5～10 h
	四氯化碳	4 ℃，30～60 min（-20 ℃，60 min）
多糖（细菌）	丙酮、甲醇	室温，3～10 min
	微火加热	同上
类脂质	10% 福尔马林	室温，3～10 min
细胞悬液	1% 聚甲醛	室温，2 min
	丙酮	室温，10 min

标本片固定后立刻用冷 0.01 mol/L，pH7.4 的 PBS 冲洗，再浸入该 PBS 中数分钟，取出后置空气中晾干，这样可避免非特异性荧光的形成。

标本片的保存：标本在固定干燥后最好立即进行荧光染色及镜检。如必须保存时，应置 4 ℃以下干燥保存，温度越低保存时间越长，但病毒或某些组织抗原仍易失去免疫原性。

3. 荧光抗体染色

本实验选用自制抗血清，通过间接荧光抗体技术，对抗原进行检测和定位。

（1）加抗血清：在玻片的抗原标本上滴加合适浓度的抗血清，37 ℃湿盒中孵育 30 min，使抗原与抗体充分结合，再用 PBS 浸洗 3 次，每次浸 3 min，同时振荡以去除未结合的抗原或抗体。

（2）加荧光标记二抗：在上述玻片上再滴加合适浓度的荧光标记二抗，然后在湿盒中 37 ℃避光孵育 30 min，同上法洗涤。

（3）封片及镜检：待标本半干或完全晾干后，滴加甘油并加盖玻片封片，即可用荧光显微镜观察。

4. 结果判定

可以借助两类指标来判定荧光显微镜所观察到的图像，其一是形态学特征，其二是荧光信号的强度，务必将上述两因素组合后综合判定，以正确评价实验结果。有关形态学特征可以借助所观察抗原的各自特征加以甄别并确定。

注意事项

实验中需设多个对照，并以此来正确判定结果：

1. 标本自发荧光对照→→荧光染色（−）。

2. 荧光抗体与标本非特异性结合的对照：标本直接加荧光标记抗体→→荧光染色（−）。

3. 抗体特异性的对照：标本加相应抗血清后，再加等量混合的抗血清和荧光标记二抗→→荧光染色（±）或（−）。

4. 阳性对照：标本加已知阳性血清反应后，再加荧光标记二抗→→荧光染色（+）。

结果与讨论 ⋯	免疫荧光技术已经被广泛地应用于生命科学研究的各个领域，传统的单荧光染色已经远远不能满足研究的需求。请根据免疫荧光技术的基本原理，讨论多荧光染色技术的可行性及操作时需要注意的问题。

（章平）

实验二十二　流式细胞术
——淋巴细胞表面标志的检测

目的要求　　　了解流式细胞术的基本原理和操作流程，熟悉流式细胞样品处理的基本步骤和注意事项，能够利用流式细胞仪对细胞表面的抗原进行鉴定和分析。

实验原理　　　流式细胞术（flow cytometry，FCM）是以免疫荧光技术为基础而发展起来的细胞分析技术，此方法主要涵盖激光技术、电子计算机技术、细胞生物学技术、单克隆抗体技术和荧光分析技术等。自问世以来，已广泛应用于生物学、免疫学、肿瘤学、血液学、遗传学、病理学、临床检验学诸多领域。荧光激活细胞分类器（fluorescence activating cell sorter，FACS，又称流式细胞仪）是目前应用免疫荧光技术来分析细胞最具代表性的仪器，该仪器能够在纷杂多样的细胞群体中，逐个地测定待检细胞的大小、胞质颗粒密度、DNA 及 RNA 含量、细胞表面标志物、胞膜及胞内受体、胞内染色体及核质比等多种参数，并围绕此类参数开展针对细胞的定量分析、分类和分离。

流式细胞仪的特点包括：①高速率，每秒可检测 1 000 个以上细胞；②高灵敏性，每个细胞只要带有 100 个 FITC 荧光分子就能被检出，两个细胞之间有 2% 的荧光差别就可区分；③高精度，可在细胞悬液中测量细胞，比其他分析技术的变异系数更小，分辨率高；④分选纯度高，分选细胞纯度可达 90% 以上；⑤多参数综合分析，可同时分析细胞形态参数，即细胞大小、形态、胞质颗粒等和分子水平参数即 DNA 及 RNA 含量、碱基比例、细胞标志物（胞膜上、胞质内、核内）、表面糖基等。这些参数涉及细胞表面电荷、膜电位、酶活性、DNA 合成能力、膜完整性和通透性、细胞凋亡、细胞耐药性、细胞增殖等与细胞新陈代谢相关的各类影响因素。在临床上，流式细胞仪对于血液系统疾病、免疫功能障碍及恶性肿瘤的诊断、治疗及预后评估都发挥了重要的作用。

本实验选用流式细胞仪来测定淋巴细胞的表面标志，并针对淋巴细胞群的类别和数量进行测定。

🔬 实验材料

1 材料和试剂

（1）人外周静脉血

（2）淋巴细胞分离液

（3）淋巴细胞亚群单克隆抗体（按商品说明书稀释至工作浓度）：FITC- 羊抗小鼠 IgG 抗体、FITC-

淋巴细胞亚群 CD 分子单抗、抗淋巴细胞亚群 CD 分子单抗

（4）肝素抗凝剂

（5）pH7.0～7.4 的无钙镁 PBS 缓冲液

（6）溶血试剂（10× 储存液）

2 设备和器材

设备

流式细胞仪。

器材

离心机、离心管、血细胞计数板、移液器等。

操作步骤

1. 全血直接荧光法

（1）采集人外周静脉血，注入含有肝素抗凝剂的瓶中充分摇匀，并于采血后立即检测，若置于室温或 4 ℃中，则不可超过 48 h。

（2）在测定管中加全血 100 μL；同时设 2 只对照管（1 号和 2 号），分别加入全血 100 μL。

（3）在测定管中加入 100 μL FITC- 淋巴细胞亚群 CD 分子单抗；1 号对照管中加入 PBS 100 μL；2 号对照管直接加溶血试剂，作为细胞自发荧光对照。

（4）轻轻摇匀，室温下放置 30 min。

（5）PBS 洗细胞 3 次，清除多余抗体。

（6）加入溶血试剂 2 mL，充分摇匀，使红细胞完全溶解。

（7）PBS 洗细胞 3 次，调整细胞悬液至合适的体积。

（8）上流式细胞仪测定并分析结果。

2. 全血间接荧光法

（1）采集外周静脉血，注入含有肝素抗凝剂的瓶中充分摇匀，并于采血后立即检测，若置于室温或 4 ℃中，则不可超过 48 h。

（2）在测定管中加全血 100 μL；同时设 2 只对照管（1 号和 2 号），分别加入全血 100 μL。

（3）在测定管中加入 100 μL 未标记的抗淋巴细胞亚群 CD 分子单抗；1 号对照管中加入 PBS 100 μL；2 号对照管直接加溶血试剂，作为细胞自发荧光对照。

（4）轻轻摇匀，室温下放置 30～45 min。

（5）PBS 离心洗涤（3 000 r/min，5 min）细胞 3 次后，使其细胞悬液为 100 μL。

（6）测定管和 1 号对照管各加入 FITC- 羊抗小鼠 IgG 抗体 100 μL。

（7）轻轻摇匀，室温下放置 30～45 min。

（8）PBS 离心洗涤（3 000 r/min，5 min）细胞 3 次后，使其细胞悬液为 200 μL。

（9）加入溶血试剂 2 mL，充分摇匀，使红细胞完全溶解。

（10）PBS 离心洗涤（3 000 r/min，5 min）细胞 3 次，调整细胞悬液至合适的体积。

（11）上流式细胞仪测定并分析结果。

3. 单个核细胞间接荧光法

采集外周静脉血，以淋巴细胞分离液分离淋巴细胞，用 PBS 洗涤 3 次后配成 5×10^6/mL 的细胞悬液。其他操作步骤同全血间接荧光法。

注意事项

1. 实验所用抗凝剂通常为肝素抗凝剂,含量为 100 IU/mL 以下,也可用 2 mg/mL EDTA 溶液或 3.2% 柠檬酸钠抗凝剂。但用 EDTA 作抗凝剂时,可能使荧光强度增高,同时非特异荧光也增高。

2. 全血标本或分离所得的单个核细胞应立即检验,在室温也最多不可超过 12 h。淋巴结制备的淋巴细胞悬液需要保存时,应加 10% 小牛血清后在 4 ℃ 保存为佳,但不可超过 24 h。

3. 细胞悬液注入仪器时,细胞数应为 5×10^6/mL,细胞含量过少会影响结果。

4. 细胞悬液中如含细胞团块,应预先通过尼龙网(40～70 目)过滤后注入,以免阻塞管道。

5. 全部操作尽可能避光,以免荧光衰减。

结果与 讨论 …	流式细胞术一般用来检测细胞表面的特异性蛋白,但也可用于细胞内蛋白质的检测。请结合以前学过的知识设计一种用流式细胞术检测胞内抗原的方法。

(章平)

实验二十三　酶联免疫斑点试验
——干扰素γ活性检测

目的要求　了解酶联免疫斑点试验检测技术的基本原理和检测方法，掌握细胞因子分泌细胞活性的检测技术，能够利用此技术对动物体内免疫细胞活性进行评价。

实验原理　酶联免疫斑点试验（enzyme-linked immunospot assay, ELISPOT assay）技术的前身可以追溯到 1963 年由 Jerne 等创立的溶血空斑技术，是一种用来测定淋巴细胞数量和抗体分泌功能的体外实验方法。随着单克隆抗体技术的飞速发展，Czerkinskdy 等于 1983 年在溶血空斑技术的基础之上创立了 ELISPOT 技术，用来检测脾细胞中分泌特异性抗体的细胞数目。目前此技术已经被广泛地运用到多种分泌型蛋白质的检测中。随着数码摄影和计算机技术的飞速发展，ELISPOT 技术也日益成熟，结合了计算机辅助图像分析技术（computer-assisted video image analysis, CVIA）后，使后期的数据分析和统计更简单、更客观，且大大节省了时间。

ELISPOT 技术的原理较为简单，首先将能够捕获待测细胞因子的抗体包被在 ELISPOT 板上，然后加入相应的免疫细胞悬液，这些免疫细胞受到刺激后所分泌的细胞因子就会被包被在板上的抗体所捕获，最后通过相应标记后的抗体就能够将分泌的细胞因子显示出来，从而间接地显示出免疫细胞的存在，这样就可以对分泌特定细胞因子的免疫细胞进行计数

和功能评价，具有非常好的实际应用价值（图 4-1）。目前
ELISPOT 技术已经成为检测生物体细胞免疫功能的最佳手段
之一，相比传统的细胞因子检测技术，ELISPOT 技术具有检
测灵敏度高、可信度高、操作简便、高通量、检测范围广等种
种优点，已经被免疫学界广泛认可。

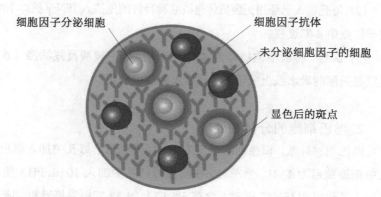

[图 4-1] ELISPOT 技术原理示意图

🔬 实验材料

1　材料和试剂

（1）正常人全血 10 mL

（2）兔抗人 IFN-γ 抗体

（3）HRP 标记羊抗人 IFN-γ 抗体

（4）淋巴细胞分离液

（5）无菌抗体包被液（0.01 mol/L，pH7.4 的 PBS 缓冲液）

（6）70% 乙醇

（7）抗体稀释液（含有 1% 小牛血清的 PBS 缓冲液）

（8）洗板液（含有 0.05% Tween-20 的 PBS 缓冲液）

（9）DAB 底物显色液

（10）无菌 PBS 缓冲液

（11）植物血球凝集素（PHA）

2　设备和器材

设备

倒置显微镜、37 ℃恒温培养箱。

器材

含有 PVDF 膜的 ELISPOT 板、湿盒、移液器等。

操作步骤

1. ELISPOT 板的预处理

（1）每孔中加入 20 μL 的 70% 乙醇，充分润湿 PVDF 膜，甩干后加入 100 μL 的无菌抗体包被液，再次甩干，反复两次以洗去残余的乙醇。

（2）每孔加入已经用无菌抗体包被液稀释好的兔抗人 IFN-γ 抗体 100 μL（终浓度 10 μg/mL），置于湿盒中 4 ℃过夜。

（3）次日，将板中的抗体倒掉，用无菌抗体包被液反复洗涤 3 次，最后一次洗涤后将板倒置在无菌的吸水纸上吸干，室温放入湿盒中备用。

2. 淋巴细胞的分离和处理

淋巴细胞计数，调整细胞浓度为 $1×10^6$ 个 /mL，每孔中加入淋巴细胞悬液 100 μL，使每孔中细胞数目为 $1×10^5$ 个左右，在阳性对照孔中加入 10 μL PHA 使其终浓度达到 2 μg/mL。将加入细胞的 ELISPOT 板放入含有 5% CO_2 的 37 ℃恒温培养箱，培养 16～24 h。

3. 淋巴细胞的检测

（1）倒去孔中剩余的培养液，加入洗板液 100 μL，放置 10 min 后倒去，反复 3 次，以去除残余的细胞和未结合的细胞因子。

（2）每孔中加入 100 μL 稀释到合适浓度的 HRP 标记羊抗人 IFN-γ 抗体，室温放置 2 h，以使其充分地与细胞因子结合。

（3）倒去孔中剩余的液体，加入洗板液 100 μL，放置 10 min 后倒去，反复 3 次，以去除未结合的抗体。每孔中加入 50 μL DAB 底物显色液，避光放置 15～30 min 后，用流水冲洗以终止显色反应。

（4）将培养板放置在倒置显微镜下观察并拍照，记录斑点出现的情况。

注意事项

分离淋巴细胞时应严格无菌操作，防止淋巴细胞被细菌污染后无法完成后续的实验。为防止斑点过多或者过少影响计数的结果，实际操作中可以对淋巴细胞进行倍比稀释，选择合适的淋巴细胞数目进行斑点的统计。同时可以结合计算机分析和数码摄影技术辅助斑点的分析工作，可大大降低工作强度并提高精确度。

传统的 ELISPOT 技术只能对单一的细胞因子进行分析，随着免疫酶技术和荧光技术的飞速发展，目前已经建立起能够同时检测多种细胞因子分泌细胞活性的 ELISPOT 技术。请结合已有知识，设计一种能够同时检测 TNF-α 和 IFN-γ 分泌细胞活性的检测技术，并注明和单细胞因子检测实验相比所需要的注意事项。

(杜冰)

实验二十四 免疫组织化学技术
——细胞的组织定位

目的要求 复习和巩固免疫组织化学技术的基本原理和技术特点，掌握此技术的操作步骤，了解免疫组织化学技术在生物学及医学领域的广泛应用，并能够利用此技术对组织中的蛋白质进行定性及半定量分析。

实验原理 免疫组织化学技术将免疫学技术与组织化学技术有机结合，以抗原抗体特异性反应为基础，结合催化显色反应的高灵敏度，在组织细胞层面对待测物质进行示踪，综合反映了静态的组织细胞形态和组成，以及动态的机体功能代谢生理状态。

根据标记物不同，免疫组织化学技术分为免疫荧光组织化学技术、免疫酶组织化学技术、免疫铁蛋白组织化学技术、免疫胶体金组织化学技术、免疫金银组织化学技术、放射免疫组织化学技术等。尤其是 20 世纪 60 年代 Nakane 创建的免疫酶组织化学技术已经被广泛地应用到生物学及医学的各领域，在此基础之上 1970 年 Sternberger 利用酶的免疫原性制备了抗酶抗体，建立了非标记的抗过氧化物酶法，使免疫组织化学技术变得更灵敏、更实用。

B 细胞来源于骨髓的多能干细胞。成熟的 B 细胞经外周血迁出，进入脾。CD19 分子是人 B 细胞特有的表面标志物，存在于前 B 细胞、未成熟 B 细胞和成熟 B 细胞表面，其主要功能是调节 B 细胞活化。本实验应用免疫酶组织化学技术，原位显示小鼠脾 B 细胞表面标志物 CD19。

🔬 实验材料

1　材料和试剂

（1）小鼠脾

（2）兔抗鼠 CD19 抗体（一抗）

（3）HRP 标记羊抗兔 IgG 抗体（二抗）

（4）一抗稀释液：PBST+1% BSA（牛血清蛋白）

（5）二抗稀释液：PBST+5% 脱脂奶粉

（6）粘片剂

（7）10×pH7.4 的 PBS 缓冲液

（8）PBST

（9）封阻液

（10）DAB 底物显色液（使用前配制）

（11）苏木精染液

（12）酸水（HCl 若干滴 + 蒸馏水）

（13）4 ℃预冷丙酮

（14）4% 多聚甲醛

（15）3% 过氧化氢甲醇混合液

（16）各级浓度乙醇（70%、80%、90%、100%）

（17）饱和碳酸锂溶液

（18）二甲苯

（19）中性树脂

2　设备和器材

设备	器材
冷冻切片机、恒温培养箱、冰箱、普通光学显微镜、水浴锅。	绸布、载玻片、盖玻片、玻片架、烧杯、镊子、湿盒、滴管、吸水纸、玻璃染色缸、移液器等。

操作步骤

1. 载玻片及盖玻片的处理

首先于洗洁精水溶液中煮沸 30 min，清水冲洗后晾干；洗液浸泡过夜；流水漂洗。蒸馏水清洗后，浸泡于 95% 乙醇中备用。使用之前用绸布擦洗干净，浸入粘片剂中数秒，用镊子取出置于玻片架上，于 37 ℃温箱中 2 h，烘干备用。

2. 组织固定

取小鼠脾组织，剪成 0.5 cm×0.5 cm×0.5 cm 大小组织块后，浸入 4%多聚甲醛中室温固定过夜。待 4%多聚甲醛充分浸润组织后，存放于 -70 ℃低温冰箱中备用。

3. 冷冻切片

调整冷冻切片机的温度在 -14 ℃左右（依不同组织软硬度而定）。从 -70 ℃低温冰箱中取出组织，修剪好后迅速移至冷冻切片机内，使组织温度稳定至 -14 ℃。调整厚度在 10 μm 左右时切片。切片组织直接贴于涂有粘片剂的载玻片上，4 ℃保存备用。

4. 再固定

将贴有切片的玻片放入湿盒内，轻轻滴加 PBST，使组织充分浸润于溶液中，清洗组织切片。然后用滤纸在玻片边缘吸去 PBST。在组织切片上滴加预冷丙酮（4 ℃），固定 5 min，用滤纸吸去丙酮后。同上法用 PBST 洗涤。

5. 消除内源酶活性

为最大程度地降低细胞内过氧化物酶的背景，切片置于 3% 过氧化氢甲醇混合液中，湿盒内室温处理 30 min，然后 PBST 洗涤 3 次，每次 5 min。

6. 封阻

湿盒内用封阻液 37 ℃封阻 1 h。

7. 抗体结合

在切片上滴加合适浓度的一抗后，放置在 4 ℃湿盒内孵育过夜。次日，PBST 洗涤。

8. 酶标抗体孵育

在切片上滴加酶标二抗（HRP 标记羊抗兔 IgG，稀释倍数参考产品说明书），37 ℃湿盒内孵育 2 h。PBST 洗涤 3 次。

9. 酶底物显色

滴加 DAB 底物显色液，室温放置 10 min，随时镜检观察。待出现红棕色组织后，立即水洗终止显色反应。

10. 组织切片复染固定

按常规方法对切片进行苏木精/伊红染色5 min后,清水浸洗;酸水褪色少于1 min;自来水漂洗;置于饱和碳酸锂溶液中"返蓝"数秒;清水漂洗;乙醇梯度脱水(70%乙醇2 min,80%乙醇2 min,90%乙醇2 min,伊红染色数十秒,100%乙醇2 min;处理2次);二甲苯透明2 min,共3次,最后取出玻片,在组织中央滴加数滴中性树脂,封上盖玻片后镜检观察。

注意事项

1. 涂有粘片剂的玻片应4 ℃低温保存,但不可长时间存放,以防粘片剂失效。

2. 组织固定时间不可过长,不同固定剂所需条件不同,请选择最适条件。

3. 冷冻切片时温度过冷或过热都会影响组织切片的完整性和连续性。温度过高,组织过软,不能形成薄片;温度过低,切片糜碎,不能贴片。可适当调节温度,使组织切片完整。

4. 冷冻切片后可在4 ℃低温保存,但时间不宜过长,尽快完成后续工作。石蜡切片可以弥补冷冻切片不宜长期保存的缺点,但操作过程复杂。

5. 免疫组织化学操作过程需在湿盒内进行,防止切片干燥,避免产生非特异性结果。

结果与讨论 ···	结合前面免疫荧光技术的操作步骤,探讨免疫酶技术和免疫荧光技术在免疫组织化学分析中各自的优缺点。

(任华)

实验二十五　单细胞测序技术
——人外周血单核细胞的单细胞分析 ·············

目的要求　了解高通量测序和单细胞测序技术的基本概念和原理，了解单细胞测序实验设计、样品制备的步骤和原则，熟悉测序数据常规分析流程及数据注释解读。

实验原理　高通量测序（high-throughput sequencing）技术也被称为"下一代"测序技术（"next-generation" sequencing technology），可对一个物种的转录组和基因组进行细致、全貌的分析。单细胞 RNA 测序（single-cell RNA-sequencing, scRNA-Seq）是指在单细胞水平上对转录组进行高通量测序的技术，通过对单细胞的深度测序，从而获得单细胞水平上的转录图谱，可以更好地揭示特定微环境下细胞的异质性。单细胞测序技术为从单细胞水平上了解人类遗传发育、疾病发生的机制和免疫应答中的基因表达调控提供了重要的技术支持。

🔖 实验材料

1　材料和试剂

（1）新鲜人全血

（2）Ficoll 淋巴分离液

（3）0.01 mol/L，pH7.4 的 PBS 缓冲液

（4）台盼蓝

---

2 设备和器材

设备	器材
离心机、细胞计数仪、高通量测序仪。	移液器、15 mL 和 50 mL 离心管、血细胞计数板、15 mL 移液管等。

操作步骤

根据样品的特点和属性不同，可以采用不同方法进行样品制备（此处以人外周血单核细胞为例）。

1. 全血淋巴细胞解离、质检及上机

（1）将 5 mL 全血转移到 15 mL 离心管中，加入等体积 PBS 混匀稀释。

（2）吸取 10 mL Ficoll 淋巴分离液到 50 mL 离心管，将稀释后的 10 mL 全血轻柔地平铺到 Ficoll 淋巴分离液上层，注意避免将 Ficoll 淋巴分离液跟全血混合。

（3）将离心管轻轻放入离心机，室温 400 g 离心 30 min。

（4）去除上层的血小板和血浆层，将单核细胞层转移到干净的离心管中。

（5）加入 3 倍体积的 PBS，并用移液器轻轻吹打混匀。

（6）室温 400 g 离心 10~15 min。

（7）去除上清液后用适量体积的 PBS 重悬细胞。

（8）计数并调整细胞悬液至合适密度（≥ 1×10^6 个 /mL）。

（9）样品送至测序公司完成文库制备、文库质检。

（10）质检合格后，使用合适测序平台（例如：Illumina NovaSeq6000 平台进行 PE150 测序）进行测序。

2. 生物信息学分析

将测序得到的原始数据按照需求进行深入分析。

注意事项

样品制备质量的高低是本实验成功与否的关键，应保证细胞间无黏连、成团，细胞密度 ≥ $1×10^6$ 个 /mL，细胞活率大于 85%。如果一次制备多个样品，第一个样品制备完成到最后一个样品制备完成时间不超过 1 h。

结果与讨论 …	单细胞测序为深入解析组织中细胞组成和特定微环境下细胞间基因表达的异质性提供了重要技术支持，并且在生命科学以及临床研究领域已被广泛应用。请结合单细胞测序技术原理，讨论比较单细胞测序与传统 RNA-Seq 技术的优缺点。

(杜冰)

PART 5.

第 五 部 分

免疫相关疾病
动物模型

实验二十六 小鼠急性败血症模型

目的要求 复习和巩固炎症反应的基本原理和过程，熟悉急性败血症模型制备流程及常见实验动物的操作方法。

实验原理 尽管重症监护病房的普及显著提高了临床急重症患者的存活率，但败血症伴有多器官衰竭依然是急诊病房中患者最常见的死亡原因之一。在败血症发生、发展过程中，存在两个动态阶段：急性期的全身炎症反应综合征（SIRS）和后期的代偿性抗炎症反应综合征（CARS）。SIRS/CARS 的标志是促炎和抗炎性细胞因子 / 趋化因子的大量产生，导致所谓的细胞因子风暴。虽然这些炎症介质对于宿主防御外来病原体至关重要，但它们的过度表达会产生以器官损伤为代价的"双刃剑"作用。

本实验通过小鼠盲肠结扎和穿刺（CLP）的外科手术构建急性败血症模型。CLP 模型的优点是重复性高，并且通过控制针头大小、盲肠穿刺次数和抗生素使用可以调节败血症的严重程度。在产生 CLP 诱导的腹膜炎后，促炎性细胞因子 / 趋化因子如 IL-6、TNF-α、IFN-γ、CCL2、CCL3 和 CXCL10 在 4 h 内迅速在腹腔（局部反应）、血液和外周器官（全身反应）中产生，并在 24 h 达到峰值。三天后，局部和全身炎症水平、细胞因子 / 趋化因子大多恢复到基线水平，表明败血症急性期结束。

1　材料和试剂

(1) C57 BL/6 小鼠（6～8 周龄）　　　(4) 兽药膏

(2) 阿弗丁　　　(5) ELISA 试剂盒

(3) 无菌生理盐水

2　设备和器材

设备	器材
低速台式离心机、低温超速离心机、超净操作台、动物解剖台、高压蒸汽灭菌锅、冰箱、酶标仪。	研钵、玻璃注射器、乳胶管、小试剂瓶、缝合线、伤口夹、加热垫、75% 酒精棉球、解剖工具、脱脂棉等。

操作步骤

1. 模型构建

在 CLP 手术之前，用阿弗丁溶液腹腔注射麻醉小鼠。小鼠被麻醉后将保湿的兽药膏涂抹在眼上防止干燥。在无菌手术条件下，于小鼠腹部做一个 1 cm 的正中切口，暴露盲肠。盲肠在其基部用线结扎；用针头将结扎的盲肠最多穿刺 9 次。除了实际的盲肠结扎和穿刺外，假手术小鼠将进行其余相同的手术作为对照。将盲肠返回腹腔后，使用两个或三个手术伤口夹闭合腹部切口。将小鼠面朝下放置在加热垫上，待其从麻醉中恢复再放置笼中。

2. 模型评价

模型构建后通过检测体重、体温和行为的变化情况评价模型构建结果，每天监测疾病进展 3 次。同时可以在模型构建后的第 1 天、第 3 天收集小鼠的腹腔灌洗液、血清以及相关组织样本对免疫应答的强弱进行评价。如利用流式细胞术分析腹腔灌洗液中免疫细胞的种类和比例，利用 ELISA 技术检测小鼠血清、腹腔灌洗液以及组织悬液中各类促炎性细胞因子（如 IL-6、TNF-α、IFN-γ）的浓度变化，利用 HE 染色以及免疫组织化学技术对小鼠重要脏器的组织损伤与炎性细胞的浸润进行评价。

注意事项

1. Balb/C 和 C57 BL/6 是实验室最常见的两种小鼠品系，但是它们在免疫应答方面各有差异。Balb/C 很容易引发在传染病和变态反应中常见的 Th2 型免疫应答，而 C57 BL/6 小鼠的 Th1 免疫应答和 IFN-γ 产生占主导地位，对创伤引起的败血症和 Th1 依赖性病理感染具有更强的抵抗力。因此，C57 BL/6 小鼠被广泛用作诱导实验性败血症的首选动物。

2. 实验过程中注意随时观察小鼠的生理状态，实验结束后应等待小鼠苏醒后确认其无异常反应后再将其放回笼内。

结果与 讨论　…	除了本实验中介绍的急性败血症动物模型以外，实践中还经常采用 LPS、poly I:C 等病原体相关分子模式（PAMP）直接腹腔注射的方式制备急性败血症动物模型。请查阅相关文献并比较二者的异同点和各自的优势。

（杜冰）

实验二十七 小鼠病毒感染模型

目的要求　复习和巩固抗病毒固有免疫的基本原理，了解病毒在体内感染的模式，熟悉病毒感染动物模型构建和评价的基本操作。

实验原理　病毒性疾病严重危害人类健康，需要有效的手段去了解病毒感染过程中体内免疫功能的变化及机制，同时抗病毒药物研发也需要有效的评价模型。因此，构建小鼠病毒感染模型为抗病毒药物、疫苗研发以及抗病毒免疫功能机制的研究提供极大帮助。病毒感染过程早期主要是通过巨噬细胞、单核细胞、粒细胞等固有免疫细胞发挥功能。它们通过细胞膜表面的模式识别受体识别病原体相关分子模式，并通过级联放大的方式激活下游信号通路，诱导细胞分泌大量促炎性细胞因子，如 IFN-α/β、TNF-α、IL-1β 等。这些分泌蛋白通过招募免疫细胞并改变细胞状态（如代谢水平、胞内抑制病毒复制蛋白表达等）抑制病毒复制。病毒感染后期通过适应性免疫应答发挥彻底清除病毒的功能。

本实验中通过 RNA 病毒——水疱性口炎病毒（VSV）构建小鼠病毒感染模型。构建过程中需要制备病毒、接种病毒以及检测模型是否构建成功。不同病毒类型、不同实验目的下接种的病毒滴度各不相同，需要通过多次预实验才能得到理想的病毒接种剂量。

⚗ 实验材料

1 材料和试剂

（1）C57 BL/6 小鼠（6～8 周龄）
（2）Vero 细胞
（3）VSV 病毒株
（4）DMEM 培养基
（5）胎牛血清
（6）青霉素‑链霉素双抗
（7）低熔点琼脂糖
（8）相关细胞因子 ELISA 试剂盒

2 设备和器材

设备

低速台式离心机、超速低温台式离心机、动物解剖台、超净工作台、高压蒸汽灭菌锅、冰箱、酶标仪。

器材

移液器、研钵、玻璃注射器、小试剂瓶、75% 酒精棉球、解剖工具、脱脂棉、细胞培养板、细胞培养瓶、一次性注射器、移液器吸头等。

操作步骤

病毒感染实验可分为三个步骤：病毒制备、病毒接种、体内病毒检测及小鼠病理检测。

1. 病毒制备

复苏液氮中冻存的 Vero 细胞并扩大培养，当细胞数量充足时接种于底面积 75 cm² 培养瓶中。待细胞生长至闭合后接种 VSV 病毒，孵育 2 h 后更换为新鲜培养基。等到约 90% 细胞死亡后收集培养液，0.45 μm 滤网过滤后得到病毒液。通过病毒空斑试验计算病毒滴度，如果病毒滴度较低，可以通过超滤、超高速离心等方式浓缩病毒，提高滴度。

2. 病毒接种

选取合适量的病毒感染小鼠（致死模型可参考 10^8 个 /g 的病毒剂量）。由于不同批次小鼠对于病毒敏感性的差异，以及病毒滴度也存在一定的误差，建议每次实验前摸索合适的病毒剂量以保证达到预期的实验目的。将病毒液腹腔注射小鼠体内，24 h 后眼眶取血并脱颈椎处死小鼠，取小鼠肝、脾、肺等组织。

3. 体内病毒统计

从眼眶血中分离血清，通过 ELISA 试验检测小鼠感染病毒后血清中抗病毒免疫相关细胞因子（如 IFN-α/β、TNF-α、IL-1β 等）的浓度。将取出的组织在超净工作台中研磨，通过病毒空斑试验检测滴度。从组织中提取 RNA 和蛋白质，通过实时定量荧光 PCR（针对 VSV 的特异性引物，正向：5'-ACGGCGTACTTCCAGATGG-3'；反向：5'-CTCGGTTCAAGATCCAGGT-3'）和免疫印迹法检测组织中病毒核酸的复制量以及病毒蛋白质的表达量，从而评价病毒在体内的感染数量。同时，可以通过对肺组织切片进行 HE 染色以观察病毒对小鼠肺组织损伤的情况。

注意事项

1. 长期存储后的病毒滴度会发生变化，实验前应通过病毒空斑试验检测病毒滴度。不同类型病毒的致病性不同，接种病毒量应通过预实验确定。不同病毒的接种方式也不相同，除了腹腔注射以外，还可以通过嗅球以及肺部直接感染。

2. 腹腔注射病毒液体积较少，应尽量避免实验中因操作产生的误差。

3. 小鼠组织研磨液制备过程中尽可能保证无菌，避免外界污染对实验结果产生影响。

4. VSV 致病性较弱，如果是致死实验应当大剂量接种病毒。

5. 相关的动物实验必须经过动物伦理委员会批准，实验结束后应对病毒感染后的小鼠尸体及接触过病毒的实验废弃物进行严格的灭菌处理，以防止病原体的扩散。

结果与讨论 ···	参考本实验中病毒感染模型，设计 DNA 病毒——HSV-1 的病毒感染模型，分析对于 DNA 病毒和 RNA 病毒在检测上有何差异。

（杜冰）

实验二十八 小鼠急性肺损伤模型

目的要求　　了解急性肺损伤的基本特征，掌握构建急性肺损伤动物模型的操作要点，并能够根据研究需要构建合适的急性肺损伤动物模型。

实验原理　　急性肺损伤（acute lung injury, ALI）被定义为急性低氧性呼吸衰竭，并伴随双侧肺水肿，是全身性过度炎症反应导致的多器官功能障碍综合征的肺部表现。利用病原体模式分子脂多糖（LPS）直接气管给药是构建急性肺损伤模型的最常用方法。LPS 是革兰氏阴性菌细胞膜的主要组分，主要由多糖链、核心多糖和脂质 A 组成，脂质 A 与宿主血清中的 LPS 结合蛋白（LBP）结合后会进一步结合到脂多糖受体复合物（CD14/TLR4/MD-2）上，通过激活 NF-κB 相关信号通路，上调促炎性细胞因子表达并诱导急性炎症反应的发生。因此，LPS 刺激的小鼠肺组织可以模拟炎症诱导急性肺损伤的发生过程，有利于深入研究急性肺损伤发生、发展的分子机制。

1 材料和试剂

(1) 12 只 C57 BL/6 小鼠（8～10 周龄）

(2) 脂多糖

(3) TNF-α，IL-6，IL-1β 等细胞因子

的检测试剂盒

(4) 0.01 mol/L，pH7.4 的 PBS 缓冲液

(5) 4% 多聚甲醛

2 设备和器材

设备

酶标仪、荧光显微镜、冷冻或者石蜡切片机、离心机。

器材

手术器械（剪刀、镊子，均经高温灭菌）、无菌注射器、15 mL 和 50 mL 离心管、40 μm 孔径细胞滤网、移液器等。

操作步骤

1. 模型构建

(1) 按照 2 mg/kg 的剂量将 LPS 滴入实验组小鼠气管，对照组滴入等体积 PBS 缓冲液。

(2) 根据小鼠的发病情况以及研究目的，在不同时间点处死小鼠后收样。

2. 支气管肺泡灌洗液中细胞因子含量的测定

(1) 将小鼠右肺结扎气管插管，用 0.8 mL PBS 缓冲液分 2 次灌洗肺组织。

(2) 将肺泡灌洗液以 800 g 离心 10 min 后取上清液，采用双抗体夹心 ELISA 法，按照试剂盒说明书中的要求，测定上清液中 TNF-α、IL-1β、IL-6 等促炎性细胞因子含量。

3. 肺组织病理学检查

小鼠肺组织用 4% 多聚甲醛固定，石蜡切片后进行 HE 染色和免疫组织化学分析。

注意事项

(1) 支气管肺泡灌洗要先结扎右肺，暴露气管后再进行气管插管。

(2) 用 PBS 分 2 次进行支气管肺泡灌洗，回收率可达 90%。

(3) 确认小鼠完全死亡后再进行下一步操作，全程严格按照动物实验伦理规范。

结果与	
讨论 …	结合本实验原理并查阅相关资料，设计一个模拟病毒诱导急性肺损伤的动物模型。

(杜冰)

实验二十九 小鼠急性肝损伤模型

目的要求　了解急性肝损伤的基本特征，熟悉急性肝损伤小鼠动物模型的构建和操作。

实验原理　急性肝损伤是指病毒感染、肝毒性药物、有毒物质等因素导致的急性肝功能异常，与临床上多种急性肝病的发生密切相关。四氯化碳（CCl_4）在肝细胞内经过细胞色素 p450 依赖性途径产生有肝毒性的自由基代谢产物，从而导致肝损伤，已经被广泛应用于诱导肝损伤和纤维化的动物模型，这些模型可用于肝损伤病理学、组织学和肝功能变化机制的研究，同时也是肝损伤治疗相关药物评价的常用模型。

🔬 实验材料

1　材料和试剂

（1）C57 BL/6 小鼠（8 周龄）

（2）橄榄油和四氯化碳

（3）4% 多聚甲醛

（4）0.01 mol/L，pH7.4 的 PBS 缓冲液

2 设备和器材

设备	器材
冷冻或者石蜡切片机、天平。	手术器械（剪刀、镊子，均经高温灭菌）、无菌注射器、移液器等。

操作步骤

1. 模型构建

（1）将小鼠随机分成实验组和对照组。

（2）用橄榄油稀释 CCl_4 至体积分数为 20%。

（3）对小鼠进行称重，并做编号记录。

（4）实验组小鼠腹腔单次注射稀释后的 CCl_4（5 mL/kg），对照组注射相同体积的橄榄油。

2. 肝组织病理学检查

（1）24 h 后脱颈椎处死小鼠。

（2）解剖小鼠，将小鼠肝组织取出浸泡到 4% 多聚甲醛中。

（3）将小鼠肝组织进行石蜡切片及苏木精 - 伊红（HE）染色。

（4）对 HE 染色切片扫描并观察分析。

注意事项

1. 注射前应将 CCl_4 溶液温度调整至室温，注射后应密切观察动物是否出现异常。

2. 将肝组织从小鼠体内取出后应先用 PBS 轻轻清洗，再浸泡到 4% 多聚甲醛中，同时注意密封处理。

（杜冰）

实验三十　炎症性肠病
——小鼠溃疡性结肠炎模型

目的要求　　了解炎症性肠病动物模型构建的基本流程，熟悉溃疡性结肠炎的评价指标和检测方法。

实验原理　　炎症性肠病（inflammatory bowel disease，IBD）是一类临床上常见的肠道疾病，利用动物模型模拟临床 IBD 发生的过程，对于深入理解疾病的发生机制以及相关药物的开发具有十分重要的意义。由于临床 IBD 诱因的复杂性，动物模型构建的类型也非常丰富，根据黏膜免疫功能缺陷上的差异，IBD 小鼠模型大致可分为 3 大类：①上皮完整性 / 通透性缺陷；②固有免疫细胞缺陷；③适应性免疫系统细胞缺陷，其中以葡聚糖硫酸钠（DSS）诱导上皮完整性 / 通透性缺陷的肠炎模型最为常见。DSS 是一种聚阴离子衍生物，对基底隐窝的肠上皮细胞有直接毒性，因此会影响肠道黏膜屏障的完整性。其发病的严重程度与 DSS 浓度及动物品系有关，给药浓度及给药时间的不同可诱导急性和慢性两种肠炎模型，该模型症状与人类的溃疡性结肠炎（UC）极为相似。急性 DSS 结肠炎模型主要用于研究结肠炎的固有免疫机制，也适合于上皮修复机制的研究。在慢性肠炎模型构建过程中，若与单一初始剂量的遗传毒性结肠癌致癌物偶氮甲烷（AOM）联合使用，则会导致炎症相关的结直肠癌，又可用于癌症相关研究。

1　材料和试剂

(1) C57 BL/6 或 BALB/c 小鼠（雌性，6～8 周龄）

(2) 葡聚糖硫酸钠（DSS），分子量 36 000～50 000，含硫量 16%～20%

(3) 灭菌去离子水

(4) 粪尿隐血检测试剂盒

(5) HE 染色试剂盒

2　设备和器材

设备	器材
体重秤、卡尺、石蜡切片机、显微镜。	石蜡、染缸等。

操作步骤

1. 急/慢性肠炎模型构建

(1) 急性肠炎模型：称重并标记各组小鼠，实验组小鼠给予 3% DSS 水溶液饮用 8 天，对照组饮用正常水，每天称量小鼠体重，记录并收集小鼠粪便，计算小鼠体重下降百分比，每两天更换一次新鲜的 DSS 水溶液，最后一天处死小鼠，观察并记录小鼠结肠长度。

(2) 慢性肠炎模型：称重并标记各组小鼠，实验组小鼠给予 1%～3% DSS 水溶液饮用 7 天，对照组饮用正常水；第 8 天改用正常水饮用 14 天，如此 DSS 水溶液饮用三个循环，期间每天称量小鼠体重，记录并收集小鼠粪便，计算小鼠体重下降百分比，每两天更换一次新鲜的 DSS 水溶液，最后一天处死小鼠，观察并记录小鼠结肠长度。

2. DSS 肠炎模型观察指标和方法

(1) 疾病活动指数（DAI）评估：结合模型动物的体重下降百分率、大便黏稠度和大便出血三种情况进行综合评分，将 3 项结果的总分除以 3 即得到 DAI 值。

(2) 结肠长度：急性肠炎模型中，第 8 天可检测到结肠长度缩短；慢性肠炎模型中，结肠长度缩短更加明显。

(3) 组织学变化评分：HE 染色进行组织学分析。

注意事项

1. 正确选择 DSS 是本实验的关键，分子量在 36 000～50 000 具有较高的诱导效率及较低死亡率。

2. 实验中应密切关注小鼠对 DSS 溶液的饮用量，避免水瓶瓶盖堵塞影响实验结果。

3. DSS 剂量（1%～5%）和给药周期（3～7 天）会显著影响模型构建成功率，正式实验前应注意适当摸索和调整。

结果与讨论 …	除了本实验介绍的 DSS 诱导肠炎模型以外，三硝基苯磺酸（TNBS）也经常被用来建立小鼠的 IBD 模型。请查阅相关文献，讨论 TNBS 与 DSS 在诱导 IBD 动物模型方面有何区别。

（杜冰）

实验三十一　小鼠类风湿性关节炎模型

目的要求　　了解类风湿性关节炎动物模型构建的基本原理和流程，熟悉类风湿性关节炎发病症状的评价指标。

实验原理　　类风湿性关节炎（rheumatoid arthritis，RA）是一种慢性自身免疫性疾病，以慢性破坏性滑膜炎为特征，多发于小关节，尤其是手和脚的关节，通过侵袭纤维血管组织导致软骨和骨侵蚀。RA 的发病机制复杂，既有遗传因素，也有环境因素。发病机制的核心是自身反应性 T 细胞激活巨噬细胞，从而释放关键的促炎性细胞因子，如 TNF-α、IL-1、IL-6 和 IL-17。类风湿关节炎小鼠模型再现了人类疾病的许多特征，因此被广泛用于机制研究和治疗靶点的验证，这些模型可分为诱导模型、自发模型、人源化模型。

本实验重点介绍胶原诱导型关节炎。胶原诱导型关节炎（collagen-induced arthritis，CIA）是主动免疫诱导 RA 的典型模型，和临床类风湿关节炎有许多相似的病理学和免疫学特征。CIA 模型的重要特征是对自身和胶原的耐受性破坏以及自身抗体的产生。不同小鼠品系对 CIA 的敏感性差异很大，研究中通常采用敏感性较高的 DBA/1 小鼠构建模型，一般采用弗氏完全佐剂和异种 II 型胶原免疫诱导，发病过程主要由辅助性 T 细胞介导，其中 Th1 和 Th17 细胞均参与 CIA 的发病过程，但 Th17 细胞在 CIA 中起主导作用。

⚙ 实验材料

1 材料和试剂

(1) DBA/1 小鼠（雌性，6～8 周龄）　　(3) 弗氏完全佐剂

(2) 牛 II 型胶原

2 设备和器材

设备	器材
组织研磨仪。	卡尺、注射器、离心管等。

操作步骤

1. 胶原诱导的类风湿性关节炎

(1) 乳化胶原：取 0.5 mL 牛 II 型胶原（1 mg/mL）与 0.5 mL 弗氏完全佐剂（1 mg/mL，包含结核分歧杆菌）加入 2 mL 平底离心管中，加入钢珠后用组织研磨仪研磨混匀（60 Hz/10 min，重复 3～5 次，制成乳化剂，以乳液滴入水中不扩散表示乳化完全。

(2) 首次免疫：小鼠用异氟烷麻醉后，在其背部及尾跟部皮下多点注射，每只共计 0.2 mL。

(3) 二次免疫：小鼠第 21 天加强免疫一次，PBS 配制 2 mg/mL 的牛 II 型胶原溶液，腹腔注射 0.1 mL/ 只。对照组注射等体积 PBS。

2. 类风湿性关节炎模型观察指标和方法

第 22 天开始每 2 天观察一次小鼠，采用四分法进行评分并测量脚掌厚底。

注意事项

制备具有免疫功能的乳化剂是本实验的关键，实验中应注意乳化时间和乳化次数，乳化剂制备好后应置于冰上保存，维持胶原的活性。

（杜冰）

实验三十二　小鼠急性过敏性皮炎模型

目的要求　了解皮肤炎症反应的基本类型和特点，掌握接触性皮炎小鼠模型构建的基本方法和评价指标，学会利用相关模型研究过敏性皮炎的发生机制及相关药物的开发。

实验原理　接触性皮炎是一种常见的皮肤炎症，通常是由于暴露于外部刺激物或过敏原而引起的皮肤炎症，进而导致红斑和可见边界的鳞屑，并伴随瘙痒和不适的发生，是日常生活中常见皮肤疾病，给患者的生活质量带来了严重影响。接触性皮炎主要有两种形式：刺激性皮炎（irritant contact dermatitis）和过敏性皮炎（allergic contact dermatitis）。刺激性皮炎是由皮肤损伤、直接细胞毒性作用或接触刺激物引起的皮肤炎症，不需要提前致敏，症状出现迅速，如果不能及时去除刺激物，症状可能持续。过敏性皮炎属IV型超敏反应，外来物质与皮肤接触，并与皮肤蛋白质相连，形成抗原复合物后致敏特定的免疫细胞。当表皮再次暴露于抗原时，致敏的T细胞引发炎症级联反应，导致过敏性皮炎的发生。

为在小鼠动物模型中模拟皮肤炎症的发生，可用2,4-二硝基氟苯（DNFB）或恶唑啉酮（Ox）等半抗原反复刺激局部皮肤，诱导机体的免疫应答，从而使小鼠表皮出现增生、水肿、海绵状等病理现象，同时真皮组织内可见明显的单核细胞浸润以及IFN-γ和TNF-α等促炎性细胞因子表达的升高。

1 材料和试剂

(1) BALB/c 小鼠（6～8 周龄）

(2) 2,4- 二硝基氟苯（DNFB）

(3) 丙酮

(4) 橄榄油

(5) PBS

(6) 小鼠 IFN-γ、TNF-α 的 ELISA 检测试剂盒

2 设备和器材

设备	器材
普通光学显微镜、石蜡切片机、低温离心机、游标卡尺、精密电子天平、打耳器、酶标仪等。	一次性无菌注射器、75% 酒精棉球、解剖工具、脱脂棉等。

操作步骤

(1) 将丙酮和橄榄油以 4∶1 的体积比混合配制成溶剂。

(2) 将 DNFB 溶解于上述溶剂中，分别稀释成终浓度为 0.1% 和 0.2% 的 DNFB 溶液。

(3) 将小鼠分为两组，实验前每只小鼠背部剃毛 2 cm×2 cm 的范围，实验组连续三天将 50 μL 0.1% 的 DNFB 涂于背部脱毛部位，连续 3 天致敏，致敏后从第 4 天开始，每两天在小鼠双耳背侧注射 20 μL 0.2% 的 DNFB，连续注射 6 次。对照组则将涂抹和注射的物质替换为空白溶剂。直至第 15 天处死小鼠，观察、检测接触性皮炎相关的症状和指标。

(4) 用游标卡尺测量实验前后小鼠的耳厚度，通过小鼠实验后的耳厚度减去实验前的耳厚度来计算小鼠的耳肿胀度。

(5) 小鼠处死后，用打耳器打下同等体积的耳组织，用精密电子天平称量耳质量。

(6) 切取小鼠耳组织，经组织固定液固定并石蜡包埋，石蜡切片机切片，切片用苏木精-伊红染色，用普通光学显微镜进行组织病理学观察，评价小鼠模型耳组织的组织学变化。

(7) 称取一定重量的小鼠耳组织，加入 PBS，经组织研磨后，4 ℃低速冷冻离心机（3 000 r/min）离心 20 min，取上清液，测定组织中 IFN-γ 和 TNF-α 的水平。

注意事项

1. 实验过程中，需要尽量选择体型一致的同窝小鼠，减少个体差异。

2. 实验中从小鼠耳组织匀浆中提取的上清液，可在预实验中通过倍比稀释找到合适的稀释倍数，使测定的促炎性细胞因子的浓度位于标准曲线的中间位置。若超出试剂盒可检测的范围则会影响实验结果的可靠性。

3. 实验中获得的多余组织匀浆上清液，应分装保存于 −20 ℃及以下的冰箱中，避免反复冻融导致样品中细胞因子降解。

结果与讨论 ⋯	结合本实验中小鼠急性过敏性皮炎模型的构建方法，查阅相关文献，设计一种慢性过敏性皮炎模型，并比较与本实验之间的差异。

（杜冰）

实验三十三　小鼠系统性红斑狼疮模型

目的要求　了解系统性红斑狼疮发病的基本原理，熟悉系统性红斑狼疮小鼠模型构建的基本流程，并能够利用该模型探究系统性红斑狼疮的发病机制及治疗策略。

实验原理　系统性红斑狼疮（systemic lupus erythematosus, SLE）是一种致命的慢性自身免疫性疾病。这种疾病临床表现出显著异质性，几乎影响身体的任何器官，严重程度广泛，从相对轻微的症状（如皮疹或关节炎）到严重致残甚至危及生命的并发症，如狼疮肾炎、神经精神障碍等都可能涉及。SLE 在女性中比在男性中更常见，尤其年龄介于青春期和更年期之间的育龄女性。SLE 的病因目前尚不明确，被认为是多因素的，与遗传、环境、性激素、感染等因素相互作用有关。SLE 的发病机制依赖于耐受性丧失和持续的自身抗体产生，主要以抗核抗体（antinuclear antibody, ANA）、双链脱氧核糖核酸（double-stranded deoxyribonucleic acid, dsDNA）、单链脱氧核糖核酸（single-stranded DNA, ssDNA）抗体为代表，还存在凋亡细胞清除异常、细胞因子和树突状细胞谱改变、中性粒细胞胞外陷阱，以及 B 和 T 细胞激活等病理机制，进而导致了组织损伤。目前常见的小鼠 SLE 诱导模型有：降植烷（pristane）诱导的小鼠模型、慢性移植物抗宿主病（chronic graft versus host disease, cGVHD）小鼠模型、空肠弯曲菌诱导的小鼠模型等。

其中，降植烷诱导的狼疮（PIL）模型最接近人类 SLE，具有更广泛的模拟性，且操作简单、成本低廉。降植烷又称烃油（2,6,10,14- 四甲基十五烷，TMPD），是一种类异戊二烯烷烃。与超过 2/3 的 SLE 患者会表现出的 IFN-I 刺激基因上调的表型相似，降植烷诱导的狼疮模型是一种与 I 型干扰素过度分泌有关的免疫紊乱，同时还产生了多种 SLE 特有的自身抗体，包括 ANA 抗体、anti-dsDNA 抗体，最终出现局部慢性炎症和风湿性糜烂性关节炎等症状，均类似于 SLE 的临床表现。

实验材料

1 材料和试剂

（1）BALB/c 或 C57 BL/6 小鼠（雌性，6～8 周龄）

（2）降植烷

（3）生理盐水

（4）组织固定液

（5）系列浓度的乙醇、二甲苯、中性树胶

（6）苏木精染液、伊红染液

（7）小鼠抗双链 DNA ELISA 检测试剂盒

2 设备和器材

设备

酶标仪、普通光学显微镜、石蜡切片机、低温冷冻离心机等。

器材

尿蛋白试纸、一次性无菌注射器、解剖工具、75% 酒精棉球等。

操作步骤

（1）将小鼠分为两组，实验组给予一次性腹腔注射降植烷 0.5 mL，对照组给予一次性腹腔注射生理盐水 0.5 mL。

（2）小鼠常规饲养，自由饮水和进食，观察期为 6～8 个月，通过检测 SLE 相关指标，判断是否构建成功。

（3）用目测尿蛋白试纸每月 1 次对小鼠进行尿蛋白检查，通过尿蛋白试纸的显色程度判断小鼠尿蛋白量，间接反映小鼠的肾健康状况。实验组应在两个月后出现尿蛋白阳性，并随时间改变而增加；对照组则表现为阴性或弱阳性，不随时间改变而变化。

（4）观察期结束后，对小鼠进行眼球取血，4 ℃静置 1 h 后，3 000 r/min 低温离心 30 min，获得小鼠血清，采用 ELISA 法检测小鼠血清中的 dsDNA 抗体。

（5）眼球取血后处死小鼠，解剖取出肾，经组织固定液固定，石蜡包埋，石蜡切片机切片后，进行苏木精 - 伊红染色（HE 染色），在显微镜下观察 SLE 肾的病理学特征。实验组小鼠肾组织结构不清晰，可见大量炎症细胞浸润，肾小球体积明显增大，肾小囊腔减小或消失。

注意事项

1. 实验时，由于 SLE 存在性别偏向性，应选取 6～8 周的雌性小鼠进行实验，能够使小鼠模型作为较理想的 SLE 疾病研究模型。

2. 为了判断小鼠 SLE 模型是否构建成功，应设立对照组，在检测 SLE 相关指标时提供阴性对照。

3. 由于实验过程中存在的动物个体差异及实验时间较长，建议模型构建时同时制备多只小鼠模型。

结果与讨论 …… 结合已学过的免疫学知识和技术，讨论还有哪些指标可以用来评价 SLE 的发生水平。

（杜冰）

附 录

Appendix ....

免疫学实验中动物的基本操作方法

动物实验是生命科学研究领域中最为重要的实验技术之一，目前已经广泛应用于免疫学、医学、生物学各学科的研究工作中。实验动物指的是那些经过人工饲养和繁育，来源清楚、遗传背景详细，应用于科研、教学、生产和检验等领域的动物，具有遗传性状稳定、对外界刺激敏感、实验重复性好等优点。想要取得理想的实验结果，首先必须要熟悉和了解各种常用实验动物的生物学特性、用途、健康要求等基本知识，其次在进行实验操作的过程中还务必遵守基本的实验动物操作方法，避免由于个人不规范操作而给实验结果造成影响，最大程度上保证实验结果的稳定性。

实验动物的操作包括：抓取、固定、麻醉、被毛的去除、注射、取血、血液常用指标的检查等，本部分仅介绍免疫学、医学实验中常用的几种实验动物：家兔、大鼠、小鼠、豚鼠，对它们的生物学特性和在免疫学实验方面的用途、健康要求作简要介绍，并着重介绍动物实验中最基本的操作方法——实验动物的抓取、固定、编号、注射、取血等。

一、免疫学常用实验动物简介

1. 小鼠（mouse）

小鼠属哺乳纲，啮齿目，鼠科，小鼠属。常用的近交系小鼠（纯系小鼠）有 250 多种，突变系有 350 多种。免疫学研究常用的品系有：C3H、C57 BL、BALB/c 等。小鼠对外界环境适应性较差，对外部刺激比较敏感，抵抗力弱。饲料中断或饮水中断易发生休克。高温情况下易感染疾病而死亡。宜饲养在清洁、安静、光线不足的环境中，温度需控制在 18～20 ℃；可长期培育，性情温顺，易于抓捕，不主动咬人，一般很少相互咬斗。小鼠的寿命约为 2 年，性成熟期 40～60 天，孕期 20～25 天，一年内产仔 4～9 胎，每胎 2～12 只，哺乳期 25～30 天。

由于小鼠繁殖周期短且繁殖率高、生长快，饲养消耗少，性情温顺易捉，个体小、易操作，且培育出许多品系的纯系小鼠，实验的准确性和重复性好，因此被广泛应用于各种药物的毒理实验、药物筛选实验、生物药效学实验，以及癌症研究、营养学、遗传学、免疫性疾病研究等。实验时应挑选：发育正常，眼鲜红有神，被毛浓密有光泽、不蓬乱而紧贴身体，尾部血管清晰、无肿胀和溃烂，体表无伤口，肛门干净、无稀便，运动快且有力的小鼠。

2. 大鼠（rat）

大鼠属哺乳纲，啮齿目，鼠科，大鼠属。目前国际上公认的近交系大鼠约有130种，常用品系包括 Wistar 大鼠、Sprague-Dawsley（SD）大鼠、F344 大鼠等。大鼠汗腺不发达，当周围环境温度过高时，易中暑死亡；宜饲养在安静、通风、干燥的环境中；对空气的湿度耐受力较差，当相对湿度低于 40% 时，常发生坏尾症，导致尾巴一段段脱落。大鼠受惊时表现凶狠，可能会咬伤实验人员，实验时应特别注意。雄鼠经常互相殴斗、咬伤，饲养时应加以隔离。大鼠在良好环境中的寿命为 2～3 年，但因其极易患慢性呼吸道疾病，通常寿命为 1～2 年。大鼠性成熟期 2～3 个月，孕期 20 天，哺乳期 21 天，一年内产仔 4～7 胎，每胎 5～9 只。

目前大鼠常用于水肿、休克、炎症、心功能不全、肾功能不全和应激反应等实验。需注意的是大鼠不会呕吐，故不能做催吐实验。实验时应挑选：肌体健壮有力，眼鲜红有神，运动快捷，被毛有光泽并紧贴身体，尾巴圆润且血管发育良好，体表无伤口，肛门干净、无稀便的大鼠。

3. 家兔（rabbit）

家兔属哺乳纲，兔形目，兔科，真兔属。常用品种有中国本兔、大耳白兔、新西兰兔、青紫蓝兔等。家兔具有夜行性和嗜眠性，性情温顺但群居性差，听觉、嗅觉都十分灵敏，对环境影响比较敏感。家兔不耐炎热和潮湿，喜欢在干燥、凉爽和安静的环境中生活；耐寒不耐脏，饲养环境超过 30 ℃或过度潮湿，可引起减食、废食并诱发各种流行病。家兔常在夜晚活动和进食，为草食性动物。家兔性成熟期通常为 5～8 个月；孕期 1 个月，一年内产仔 3～5 胎，每胎 1～5 只；哺乳期 30～50 天。寿命 4～9 年。

由于家兔易于饲养，繁殖率高，抗病力强，被广泛应用在科学研究中，可用于血压、呼吸、泌尿等多种实验，还可用于体温实验和热原的研究与鉴定。实验时应挑选：两耳直立且血管明显，眼有神，肛门干净，被毛有光泽、不蓬松并紧贴身体，体表无伤口、无体癣的家兔。

4. 豚鼠（guinea pig）

豚鼠属哺乳纲，啮齿目，豚鼠科。目前世界上近交系约有 12 种，常用的有纯系 2 号和纯系 13 号。豚鼠性情温顺、胆小，易受惊吓；宜饲养在凉爽、干燥、清洁、安静的环境中。白日活动，以各种植物为食，食量较大；听觉和嗅觉发达、行动敏捷，不善于攀登或跳跃；对抗生素及某些有毒物质极为敏感。豚鼠出生后即可独立活动，2～5 天后可断乳饲养。豚鼠平均寿命为 7 年，性成熟期 5～6 个月，孕期约 65 天，一年内产仔 3～5 胎，每胎一般为 2～3 只，哺乳期为 30 天。

由于豚鼠繁殖快，且饲养管理要求不高，被广泛应用于药理学、营养学、各种传染病的实验研究以及细菌、病毒诊断学研究、过敏、变态反应性实验研究和内耳及听神经疾病研究等，也常用于离体心脏实验研究。实验时应挑选：发育正常，骨骼粗壮结实，被毛光亮洁净密实且紧贴全身，无脱毛现象，运动敏捷、活泼，眼明亮无分泌物的豚鼠。

二、常用实验动物的品系

（一）按遗传学控制分类

1. 近交系既纯系动物（inbred strain animal）
经连续 20 代或以上的同胞兄妹交配，或者亲代与子代交配后，培养出来的遗传基因纯化的品系。小鼠、大鼠等一些实验动物近交系的育成极大地促进了免疫学实验研究的发展，尤其对于肿瘤学研究的进展起到了重要作用。

2. 封闭群动物（blocking nest animal）
以非近亲交配方式进行繁殖生产，在不从外部引入新个体的情况下，至少连续繁殖 4 代以上，称为一个封闭群或远交群。封闭群动物具有较强的繁殖力和生命力，对疾病抵抗力强、寿命长、生产成本低等优点，因而被广泛应用于教学与科研实验中。

3. 杂交一代动物（hybrid strain animal）
两个不同近交系杂交所产生的第一代动物称为杂交一代动物或 F_1。它既有近交系动物的特点，又具有杂交的优势。杂交一代动物生命力旺盛、繁殖率高、生长快、体质健壮、抗病力强，与近交系有相近的实验效果。又称为系统杂交性动物。

4. 突变品系动物（maiant strain animal）
由于单基因的突变、某个基因的导入或通过多次回交"留种"，而建立的一个同类突变系。此类动物具有相同的遗传缺陷或病态：如肥胖症、侏儒症、肌萎缩、白内障、视网膜退化、无毛等，现已培养成的自然具有某些疾病的突变系有：白血病鼠、糖尿病鼠、肿瘤鼠、贫血鼠、高血压鼠和裸鼠（无胸腺无毛），等等，这些品系的动物对于研究相应疾病的防治具有重要价值。

5. 非纯系动物（no-sheer series）

一般是指任意交配繁殖的杂种动物。此类动物具有生命力旺盛、适应性强、繁殖率高、生长快、易于饲养管理等优点。其缺点是个体差异大、反应性不规则、实验结果的重复性差。杂种动物比较经济，在教学实验中最为常用。

（二）按微生物控制分类

根据实验动物所携带其他生命体的情况，目前我国将实验动物分为四个等级，即一级：普通动物；二级：清洁动物；三级：无特定病原体动物（SPF 动物）；四级：无菌动物（GF 动物）和悉生动物（GN 动物）。

1. 普通动物（common animal）

指饲养在开放环境中，未经积极的微生物控制，但不携带人畜共患病和动物烈性传染病病原体的动物。

2. 清洁动物（clearing animal）

指除普通动物应排除的病原体外，也不携带对动物危害大及对科学实验干扰大的病原体的动物。

3. 无特定病原体动物（SPF 动物）

指除普通动物和清洁动物应排除的病原体外，也不携带主要潜在感染或条件致病及对科学实验干扰大的病原体的实验动物。

4. 无菌动物（GF 动物）

指体表、体内任何部位均检不出微生物、寄生虫的实验动物。无菌动物是在无菌条件下剖腹出生，在无菌、恒温、恒湿的条件下饲养，食物与饮料全部无菌。

5. 悉生动物（GN 动物）

指在无菌动物体内，移入一种或几种已知微生物后的实验动物。悉生动物繁殖、饲养条件复杂、价格昂贵，故一般不用于教学，但对某些生物医学研究具有重要意义。

三、免疫学常用实验动物的抓取、固定和标记方法

（一）实验动物的抓取、固定

1. 小鼠

待小鼠在笼内安静后，右手食指与拇指捏住尾部中央提起，放在鼠笼盖或者粗糙的地方，轻轻向后拉鼠尾，趁其向前挣脱时，左手食指与拇指抓住小鼠的颈部皮肤，使小鼠头部不能动，鼠体放入左手手心，翻转抓住颈背部皮肤，右手拉住小鼠尾部，将其后肢拉直，并用左手无名指和小指压紧尾和后肢，以手掌心夹住背部皮肤。

当需要进行尾静脉注射或取血时，需将小鼠固定在鼠尾固定器内；当需要心脏采血或外科手术时，将小鼠固定在固定板上。

2. 大鼠

大鼠因牙齿尖锐，性格不温顺，在操作时可戴上防护手套。大鼠的抓取根据鼠龄的大小而有所差异：4～5 周龄时可像小鼠一样抓尾部提起。周龄较大的大鼠尾部皮肤容易被抓剥落，需要抓尾的基部；或者左手从背部中央到胸部捏起抓住，左手的食指放在颈背部，拇指和其余三指放在肋部，食指和中指夹住左前肢，分开两前肢举起；右手按住后肢固定。

进行尾静脉注射或尾部取血时，可将大鼠固定在鼠尾固定器内；心脏采血或外科手术时，将大鼠固定在固定板上；若大鼠给药，以左手的拇指和食指抓住颈背部皮肤，其余三指抓住背部皮肤，小指与无名指夹住尾部固定。

3. 家兔

家兔性格较为温顺，一般不会伤人，但操作时需注意家兔锐利的脚爪。一手抓住家兔颈背部皮肤提起，另一手托住腰部将其从笼中取出，应避免直接用手揪住耳、腰部或四肢拉起或提起家兔，避免其双耳、颈椎等部位的损伤，同时也防止由于家兔挣扎，抓不稳而落地等状况发生。

免疫学实验中进行抗原免疫的时候，需要兔耳静脉注射，此时采用兔头固定盒固定，或者助手用手安抚家兔，操作者迅速行耳静脉注射。免疫学实验中经常利用家兔进行颈总动脉取血，此时需要采用解剖台固定。

4. 豚鼠

豚鼠性情温顺，因此抓取小的豚鼠时，可用两手将其捧起；对于成熟的豚鼠，先用手掌迅速扣住豚鼠的背部，也就是用虎口对准其肩胛上方，以拇指、食指捏住颈部，其余手指握持住躯干部提起；对于怀孕或体重较大的豚鼠，要用左手托住其臀部。

（二）实验动物的标记

在实验动物操作过程中往往需用到一定数量的实验动物，因此实验动物的标记和编号就显得十分重要。标记的方法可根据实验目的和实验动物的差异合理选择，但务必满足标记简单、清晰、耐久的要求。不同实验动物的常用标记方法如附表 1。

附表 1 常用动物标记方法

标记方法	适用动物种类	备注
颜色标记	小鼠、大鼠、家兔等	适用于白色动物
耳缘打孔或剪口	小鼠、大鼠、家兔	维持时间长
剃毛、剪毛	家兔、豚鼠等	有色动物或大动物短期标记

1. 小鼠、大鼠

一般采用颜料涂抹被毛的方法进行标记，常用的涂染化学药品有：

0.5% 的中性红或品红溶液	红色
3%～5% 的苦味酸溶液或 80%～90% 苦味酸乙醇饱和液	黄色
2% 的硝酸银溶液	咖啡色
煤焦油的乙醇溶液	黑色

最常用的是 3%～5% 的苦味酸溶液。用毛笔或棉秆蘸此溶液，涂擦于动物不同部位的皮毛上示不同编号。一般以先左后右，由上至下的原则进行标记，如附图 1。

若动物数量超过 10，则可选定一种颜色（如红色）为个位数，另一种颜色（如黄色）为十位数。如左后腿上的色点为红色，即为 3，若黄色则为 30；如左前腿上的色点为黄色，红色标在左腰部，即为 12，以此类推。

小鼠还可用剪耳法来进行标记，即在耳的不同部位剪切一缺口表示编号。为防止伤口愈合，用滑石粉涂抹剪切部位。此外，还可在小鼠刚出生的时候通过剪脚趾的方法对其进行标记，而出于动物福利的考虑，剪脚趾不适合成年小鼠。

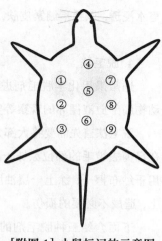

[附图1] 小鼠标记的示意图

2. 家兔、豚鼠

(1) 烙印法：实验前用酒精棉球消毒耳部（注意避开血管），用号码烙印钳将号码烙在动物耳上，烙印后在烙印部位用棉球蘸上以乙醇作为溶剂的黑墨进行涂抹。

(2) 耳孔法：用动物专用的打孔机，在兔耳一定位置打一小孔代表编号。

(3) 染色法：家兔、豚鼠常用 2% 的硝酸银溶液。在动物右侧背部用硝酸银溶液涂写号码，需在日光下暴露 10 min，才会呈现出咖啡色标记。

四、实验动物的被毛去除方法

实验过程中，动物的被毛会影响实验操作及实验结果的观察，因此需要剪短或去除动物的部分被毛，常用的方法如下：

1. 剪毛法

首先将实验动物固定，左手指绷紧需要剪毛部位的皮肤，用弯头手术剪紧贴毛根部分，按照先粗剪、后细剪的原则，依次将实验部位的被毛剪去。剪毛过程中不得用手提起被毛，以免造成动物皮肤破损。为避免剪下的毛发飘飞，可将其放置在盛水的烧杯中。

2. 拔毛法

用拇指与食指直接拔去被毛。兔耳缘静脉注射和鼠尾静脉注射常用此法。

3. 剃毛法

用剃毛刀剃去动物的被毛。若被毛较长，可先用剪刀剪断，将剃毛部位用肥皂水浸透，以手指绷紧皮肤，再用剃毛刀剃毛。暴露的外科手术区适用于此法。

4. 脱毛法

通常采用化学脱毛剂进行脱毛。常用于大动物的无菌手术、局部皮肤刺激、动物局部血液循环的观察等实验。

脱毛法首先需要将大部分的被毛剪去，然后用镊子夹棉球或纱布团蘸脱毛剂，在已剪去被毛的部位涂抹一层，3～5 min 后，用温水洗去脱下的毛和脱毛剂，再用干纱布擦干，涂上一层油脂。操作时应避免脱毛剂沾在实验人员的皮肤、黏膜上，造成不必要的损伤。

下面介绍三种脱毛剂的配方，配方（1）和（2）适用于家兔和啮齿动物的脱毛，配方（3）适合给犬脱毛。

(1) 硫化钠 8 g 溶于 100 mL 水。

(2) 硫化钠 : 肥皂粉 : 淀粉的比例为 3 : 1 : 7（质量比），再加水调至糊状。

(3) 硫化钠 10 g 和生石灰 15 g 溶于 100 mL 水。

五、实验动物的给药途径和方法

目前常见的实验动物给药途径有两种：经口给药与注射给药。

1. 经口给药

经口给药的方法有：口服法、喂服法及胃内注入法。这里介绍胃内注入法。

胃内注入法（灌胃法，ingestion，ig）的优点是能够准确掌握给药量。实验前需根据动物食管的深度选择合适的灌胃针，成年动物插入食管的深度是：小鼠 3 cm，大鼠或豚鼠 5 cm，家兔约 15 cm。以小鼠为例介绍具体方法。

首先，左手将小鼠固定，右手持连有灌胃针的注射器，将针头对准正中线插入口腔，沿咽后壁中线慢慢向后、向下插入。也可选择沿鼠右侧嘴角插入，经食管进入胃。前进的过程中若遇阻力，则后退稍许再慢慢进针，插入 2～2.5 cm 即可达到食管下端，注入药剂。注入时如通畅，表明针头已插入食管；如不通畅，动物有呕吐动作并挣扎，则表明针头未插入食管，应立即拔出，重新操作。

胃内注入法的要点在于：①实验动物要固定，头和颈部保持稳定；②进针方向正确，一定要沿正中线或右口角进针，再顺着食管慢慢插入，不可硬往里插，否则易注入肺内，造成动物死亡。

2. 注射给药

在免疫学实验中，为了制备抗体或观察药物对机体免疫功能的影响，需要将抗原或药物注射入动物体内。皮下注射法、皮内注射法、腹腔注射法、肌肉注射法、静脉注射法是常用的几种注射方法。

（1）皮下注射法（subcutaneous injection, sc）

大鼠、小鼠和豚鼠的颈后肩胛间、腹部或腿内侧，家兔背部或耳根等皮下组织疏松的部位都可做皮下注射。以豚鼠为例说明其注射过程。

首先，用碘酒或酒精棉球消毒豚鼠蹊部，然后将皮肤提起，以注射器针头刺入皱褶底部（若针头容易摆动则证明针头已在皮下），推送药液，后慢慢拔出针头；最后指压针刺部位，以防止药液外漏。注射时阻力不大，且皮下呈扩散状隆起者为注射正确，注射的计量一般不超过 0.5 mL。

（2）皮内注射法（intracutaneous injection, ic）

皮内注射主要将药液注入皮肤的表皮与真皮之间，注射难度较大，多用于接种与过敏实验。首先，在动物腹部选择约 2 cm² 的面积剪毛、消毒皮肤，用左手将皮肤捏成皱壁，右手持连接有 4 号针头的 1 mL 注射器，将药物注入皮内，注射完毕 5 min 后再拔出，以免药液从针孔渗漏。

注射时的注意事项有：①选择 4 号针头，针头与皮肤成30°，针孔向上；②沿皮肤表浅层紧贴皮肤皮层刺入，然后向上挑起，再刺入皮内；③正常注入药液时会感到阻力较大，一般注射计量为 0.1～0.2 mL。

注射正确时应出现：注射部位形成坚实的水泡；皮肤毛孔极为明显，且水泡消失的速度较慢。

（3）腹腔注射法（intraperitoneal injection, ip）

动物的固定方法与上述类似，消毒腹壁后，用注射器将药液直接注入腹腔内部。

需要注意的是：①注射时应将动物的头部向下，避免针头刺入内脏；②进针的位置在下腹部腹白线偏左或偏右的位置；③斜刺入皮肤后，变为垂直于腹壁再向下直刺少许即可进入腹腔，使两个针眼不在一条直线上，避免拔出针头时药液流出污染皮肤及造成注射剂量不足；当针尖穿过腹肌进入腹腔后，保持针尖不动，回抽无回血、肠液、尿液时说明针头的位置较为理想；④进针部位不宜太近上腹部或进针过深，以免刺破内脏。

（4）肌肉注射法（intramuscular injection, im）

肌肉注射常用于给动物注射混悬于油或其他溶剂的药物。应选择肌肉丰满且无大血管通过的部位，一般采用臀部，亦常取大腿内（外侧）、颈椎或腰椎旁的肌肉进行注射。注射时，将注射部位的被毛剪去（小动物也可不剪毛）。注射器由皮肤表面垂直刺入肌肉，略回抽如无回血，即可注射。

给小鼠作肌肉注射时，用左手抓住鼠两耳及头部皮肤，右手取注射器，将针头刺入大腿外侧肌肉，注入约 0.2 mL 的药液。

(5) 静脉注射法（intravenous injection，iv）

以家兔的耳缘静脉注射为例。将家兔固定于特制木箱中或由助手将其按住固定在桌上，剪去或拔去兔耳缘部被毛。然后用棉球或纱布蘸取 45~50 ℃温水，反复涂抹耳翼边缘的血管或用手指轻弹并轻揉兔耳，使静脉充血，选择较为明显突出的血管进行注射。注射正确时下针阻力很小，可见血管中血液明显变色；如阻力较大或皮下隆起则说明注射失败，需重新刺入血管或另选部位进行注射；注射时应将针头与耳同时固定，以免针头退出血管。注射完毕用消毒干棉球压住注射部位后再拔出针头，按压片刻以防出血。

需要注意的是：①操作者以左手食指与中指夹住静脉的近心端，拇指绷紧静脉的远心端，右手将预先准备的材料由血管向心脏的方向注入；②针头刺入时应与静脉几乎平行，注入药液；③若注射失败，需要向近心端移动，重新选择位置进针。

在进行小鼠尾静脉注射时，需要将小鼠置小试管篓中，鼠尾从网眼中露出。然后将鼠尾浸于盛 45~50 ℃温水的试管中 1~2 min 或用棉花蘸取温水揉擦尾部使尾静脉充血，此时可见左、中、右三根暗红色的尾静脉，通常选两侧的静脉进行注射。注射时用左手三指捏住鼠尾，转动尾部使其侧面朝上，使尾部充血，从尾基部以中指从下部托起尾，使尾固定，在距尾尖 2~3 cm（此处皮薄静脉浅，易刺入）处以 30°进针后将针头抬起，使针头与尾静脉几乎平行，注入药液约 0.3 mL。

各种动物不同给药途径的常用量见附表 2。

附表 2　各种动物不同给药途径的常用量（mL/只）

动物	胃内注入	皮下注射	腹腔注射	肌肉注射	静脉注射
小鼠	0.4~0.6 (0.8~1.0)	0.2~0.4 (0.5)	0.2~0.4 (0.5)	0.1~0.2	0.2~0.4 (0.5)
家兔	20~30 (100)	1~2	3~6	0.2~0.6	4~6
豚鼠	3~4 (4~6)	0.5~1	2~5	0.2~0.5	2~4

注：括号内的数字为一次给予的能耐受的最大量。

六、实验动物的采血方法

实验动物的采血是免疫学实验中非常常见的步骤，如测定抗血清效价、抗原免疫完成后抗血清的收集，以及外周血淋巴细胞的分离等。采血时要注意：①采血场所应具有充足的光线；夏季室温保持在 25～28 ℃，冬季保持在 15～20 ℃；②采血用具以及采用部位一般需要进行消毒；③采血用的注射器和试管必须保持清洁、干燥；④若需抗凝全血，在注射器或试管内需预先加入抗凝剂。

根据用血量的不同，所采取的采血方式也有差异（附表 3）。

附表 3　小鼠、大鼠采血部位及采血量（mL/ 只）

	部位	小鼠	大鼠	采血前处理
部分采血	尾静脉	0.03～0.05	0.3～0.5	
	尾动脉	0.1～0.3	0.5～1.0	
	背足中动脉		0.1～0.3	
	眼眶后静脉丛	0.05～0.1	0.5～1.0	麻醉或不麻醉
全采血	颈静脉	0.5～1.0	3～5	麻醉
	颈动脉	0.5～1.0		麻醉
	断头	0.5～1.0	5～10	麻醉或不麻醉
	心脏	0.5～0.8	3～5	麻醉
	后大静脉	0.5～1.0	2～4	麻醉

1. 尾静脉取血

一般适用于需血量少但又需多次间隔采血的实验。小鼠常采用剪尾取血，大鼠则一般采用交替切割三根尾静脉的方法取血。

（1）剪尾取血　将小鼠装入固定盒内，露出尾部。用纱布或棉花蘸取 50 ℃温水，揉擦尾部，也可将鼠尾直接浸入盛有温水的试管中，使尾静脉充分充血。然后擦干鼠尾，用剪刀剪去尾尖，用手从尾根部向尾尖轻轻挤压可取血数滴。最后用无菌干棉球压迫止血，伤口处涂上 6% 的火棉胶以保护伤口，下次采血时可按上法再次剪去一小段鼠尾。

（2）交替切割三根尾静脉　采血时用刀片切破一小段静脉，然后用无菌尖嘴滴管吸取伤口处流出的静脉血，每次可取血约 0.4 mL。最后用无菌干棉球压迫止血，一般 3 天后伤口可结痂痊愈。

2. 眼眶动脉和静脉取血

此法取血量相对较多，在保证动物存活的情况下，一只小鼠每次可取血 0.3 mL 左右（大鼠每次可采血 0.5～1 mL），数天后可从另一侧眼眶取血。

抓取小鼠后用拇指和食指尽量将其头部皮肤捏紧，使鼠眼外凸，右手用一小镊子于鼠的眼球根部摘去眼球。将血滴入容器内，结束后用无菌干棉球压迫眼眶止血。

3. 眼眶后静脉丛取血（以小鼠为例）

此法一次可取较多血液（小鼠约 0.2 mL，大鼠约 0.5 mL），并可在数分钟内于同一穿刺孔内重复取血。用食指和拇指握住颈部固定小鼠，并用两手轻轻压迫颈部两侧，阻碍静脉回流，使眼球外凸，眼眶后静脉丛充血。滴入 10% 的普鲁卡因，使动物眼部痛觉麻痹。取一根长约 8 cm 的无菌玻璃毛细吸管（内径约 1 mm），将其末端截断，用抗凝剂湿润其内壁后将毛细吸管尖端插入内侧眼角，和鼻侧眼眶壁平行地向喉部方向推进 2～3 mm（大鼠需 4～5 mm），当感到有阻力时停止刺入。旋转毛细吸管切开静脉丛，使血液自然进入吸管内。当达合适量时，放开左手停止出血，拔出毛细吸管，3～7 天后采血部位基本可以修复。

4. 断头取血（以大鼠为例）

此法可最大量地对大鼠、小鼠进行取血，一只小鼠可采血 0.8～1.2 mL，大鼠 5～10 mL。

一人戴上棉纱手套，右手握住大鼠头部，左手握其背部，将颈部露出。另一人持剪刀剪掉鼠头后，立即将鼠颈向下，血滴入容器内。小鼠操作与大鼠类似，但不必戴手套。

5. 背中足静脉取血（以豚鼠为例）

此法需两人合作：一人抓住豚鼠，将其左或右后肢膝关节伸直。另一人消毒豚鼠的足背并找出背中足静脉，以左手的拇指和食指拉住其趾端，右手持注射器刺入静脉，缓缓抽取血液至合适体积，最后无菌干棉球压迫止血并拔出针头。

6. 心脏取血（以家兔、鸡为例）

（1）家兔心脏取血

此法常用于制备抗血清及补体。首先，将兔仰卧固定于手术台上，剪去左前胸心脏部位的兔毛，并对局部的皮肤进行消毒。左手从左侧由下向上数第 3~4 肋间，选择心跳最明显处进针，准确插入后血液会由于心脏跳动自然流入注射器。待取满后，拔出针头，用干棉球按压针刺处以防出血。取下针头后将血轻轻注入无菌培养皿或试管内，以免血细胞破裂引起溶血。豚鼠的心脏采血与家兔基本相同，但进针部位一般在胸骨左缘第 4~6 肋间。

注意事项：进针的位置选择是此项技术的难点，进针部位一般为第 3 肋间腔、胸骨左缘 3 mm 处；当针头接近心脏时，就会有感觉到心跳，此时将针头向里插入少许即进入心室。

（2）鸡心脏取血

用绳子扎紧鸡腿及翅膀，蘸取热水湿润其左侧胸部，拔去心脏部位的羽毛。左侧向上将鸡横置于固定板上，头向左侧固定。寻找由肋骨到肩胛部的皮下大静脉，心脏约在该静脉的分支下侧，消毒该部位皮肤，用装有 7 号针头的注射器由该处垂直刺入。针头刺入后可感觉到心跳，这时将针头直接刺入心脏，血液即流入注射器内。待取满一注射器后，可不拔出针头迅速接上另一注射器继续取血。保持存活的条件下，每只成年雄鸡取血可达 30 mL，经 3~6 个月可再次采血。

注意事项：①需准确选取进针的位置，即肋骨到肩胛部的皮下大静脉；②注射器应垂直刺入；③如触及胸骨则稍后退，将针头稍右偏以避开胸骨，切不可强行进针。

7. 耳中央动脉取血（以家兔为例）

将家兔固定，用手揉或热水敷等方法使兔耳充血。兔耳中央的一条较粗、颜色较鲜红的血管即为耳中央动脉。用左手将兔耳固定住，在动脉末端沿动脉平行的方向，向心脏方向刺入血管，使血液自然流入针筒。此法一次可取血 15 mL，取血后应用无菌干棉球压迫止血。

或于近耳尖中央动脉分支处，用刀片轻轻将血管切破，直接用装有抗凝剂的刻度试管接血，此法一次可取较多血液。取血后应注意用无菌干棉球压迫止血。

注意事项：①因家兔耳中央动脉易发生痉挛收缩，取血前必须使兔耳充分充血，使动脉血管扩张，否则一旦长血管发生痉挛收缩，会大大影响取血进度；②取血时针头不要太细，否则会影响血液流出，且进针部位不能太近耳根，一般从中央动脉末端开始进针。

8. 耳缘静脉取血（以家兔为例）

操作步骤基本与耳中央动脉取血方法相同，但所用的针头略小（一般用 5 ½ 号针头）。此法一次可取血 5～10 mL。

9. 翼根静脉取血（以鸡为例）

将鸡腿扎紧后展开鸡翅，露出腋窝部并拔去该部位羽毛，可见明显的翼根静脉。对相应部位进行消毒后，用左手拇指和食指压迫此静脉向心端，使血管扩张。针头（一般用 5 ½ 号针头）沿翼根向翅膀方向，沿静脉平行刺入，慢慢地抽取血液。一般一只成年雄鸡一次可抽取 10～20 mL 血液。

10. 颈动脉放血（以家兔为例）

首先将家兔放置在专用的解剖台上，仰卧并固定其四肢，头部略放低暴露其颈部。剪去颈部兔毛后消毒，沿颈中部纵切皮肤约 10 cm 长。用止血钳将皮肤分开、夹住，剥离皮下结缔组织，露出肌层后再分开肌肉，可见搏动的颈动脉，夹住肌肉层剥离颈动脉旁的迷走神经。在颈动脉的远心端，用手术线结扎紧，近心端用止血钳夹住（止血钳头部用塑料管或其他包裹，以免损伤动脉），在二者之间空余的血管约 4 cm 长。消毒后，用手术线穿过血管，提起血管后垫上小指，用无菌小剪刀在动脉壁上斜剪缺口，取长约 25 cm（直径为 1.6 mm）的塑料管，将一端剪成斜面，面向近心端插入颈动脉中，用上述穿过血管的手术线结扎固定。将塑料管的另一端放入无菌三角瓶内。放开近心端的止血钳，使血液自行流入三角瓶，当血流缓慢时，可将固定架动物后肢端抬高，以增加放血量。家兔一次放血可达 100 mL 以上。此法多用于分离血清以制备抗体。

常用实验动物的最大安全采血量与最小致死采血量见附表 4。

附表 4　常用实验动物的最大安全采血量与最小致死采血量（mL/只）

动物品种	最大安全采血量	最小致死采血量
小鼠	0.2	0.3
大鼠	1	2
豚鼠	5	10
家兔	10	40

七、实验动物的处死方法

实验动物脾、胸腺等器官是免疫学实验中常用的研究材料之一，需先将动物处死，再取出有关器官进行实验。下面介绍大鼠、小鼠、家兔和豚鼠常用的处死方法。

1. 大鼠、小鼠的处死方法

(1) 脊椎脱臼法：左手拇指和食指固定住鼠头并向下按住，同时右手用力向后拉住小鼠尾，即可使其脊椎脱臼，立即死亡。

(2) 断头法：用剪刀将鼠头剪下。

(3) 击打法：用手抓住鼠尾将其提起，用力摔击其头部，或用工具击打鼠头而致死。

(4) 急性失血法：用摘眼球法放血致死。

(5) 化学药物致死法：将大鼠、小鼠放入含 $0.2\% \sim 0.5\%$ CO_2 的容器中，或使其吸入乙醚、氯仿致死。

2. 家兔、豚鼠的处死方法

(1) 空气栓塞法：将空气注射进入静脉后，随心脏的跳动与血液相混形成泡沫状，会造成动脉阻塞，使动物很快死亡。一般对家兔等动物的静脉内注入 $20 \sim 40$ mL 空气，即可促其死亡。

(2) 急性失血法：切断动物的股动、静脉后，用湿纱布不断擦去切口处的凝固血块，使切口畅通，$3 \sim 5$ min 可使动物致死。

(3) 破坏延脑法：用木棍用力锤击动物后脑部，损坏其延脑使其致死。

(4) 化学药物致死法：静脉内注入 10% KCl 溶液约 10 mL，使动物心肌收缩力丧失，心脏急性扩张停跳而死。另外，静脉内注入 10% 福尔马林溶液 $10 \sim 20$ mL 可使动物血液内蛋白质凝固引起血循环障碍及缺氧而死。

附录 2

蛋白 A 和蛋白 G 与各种抗体亚类的结合性质表

物种	抗体类型	蛋白 A	蛋白 G	物种	抗体类型	蛋白 A	蛋白 G
人	总 IgG	S	S	牛	总 IgG	W	S
	IgG$_1$	S	S		IgG$_1$	W	S
	IgG$_2$	S	S		IgG$_2$	S	S
	IgG$_3$	W	S	山羊	总 IgG	W	S
	IgG$_4$	S	S		IgG$_1$	W	S
	IgM	W	NB		IgG$_2$	S	S
	IgD	NB	NB	绵羊	总 IgG	W	S
	IgE	M	NB		IgG$_1$	W	S
	IgA	W	NB		IgG$_2$	S	S
	IgA$_1$	W	NB	马	总 IgG	W	S
	IgA$_2$	W	NB		IgG$_{ab}$	W	NB
	Fab	W	W		IgG$_c$	W	NB
	ScFv	W	B		IgG（T）	NB	S
小鼠	总 IgG	S	S	兔	总 IgG	S	S
	IgM	NB	NB	豚鼠	总 IgG	S	W
	IgG$_1$	W	W	猪	总 IgG	S	W
	IgG$_{2a}$	S	S	狗	总 IgG	S	S
	IgG$_{2b}$	S	S	鸡	总 IgG	NB	NB
	IgG$_3$	S	S	仓鼠	总 IgG	M	M
大鼠	总 IgG	W	M	驴	总 IgG	M	S
	IgG$_1$	W	M	猫	总 IgG	S	W
	IgG$_{2a}$	NB	S	猴	总 IgG	S	S
	IgG$_{2b}$	NB	W				
	IgG$_{2c}$	S	S				

注：W—弱等强度结合，M—中等强度结合，S—强结合，NB—没有结合能力。

附录 3

免疫学实验常用试剂

1. 大肠杆菌可溶性抗原

将大肠杆菌 DH5α 接种于普通 LB 肉汤培养基中，置 37 ℃振荡培养 18～24 h。次日，10 000 r/min 离心 5 min，用无菌生理盐水或 PBS 洗涤 3 次，再悬浮于少量 PBS 中，放置超低温冰箱中冻融数次，最后用超声波处理，使菌体完全破碎后，4 ℃、10 000 r/min 离心 20 min，上清液即为大肠杆菌可溶性抗原溶液，测定蛋白质浓度，分装后冷冻保存。

2. 弗氏不完全佐剂

将 10 g 优质羊毛脂置于研钵中，轻轻研磨的同时逐滴加入液体石蜡 40 mL，混匀后分装于青霉素瓶中，高压蒸汽灭菌后 4 ℃保存备用。

3. 饱和硫酸铵溶液

称取 $(NH_4)_2SO_4$ 400～425 g，以 50～80 ℃蒸馏水 500 mL 溶解，搅拌 20 min，趁热过滤。冷却后以浓氨水（15 mol/L NH_4OH）调 pH 至 7.4。配制好的饱和硫酸铵溶液瓶底应有结晶析出。

4. 萘氏试剂

称取 HgI 11.5 g，KI 8 g，加蒸馏水至 50 mL，搅拌溶解后，再加入 20% NaOH 50 mL。

5. 0.1 mol/L，pH8.6 巴比妥 - 巴比妥钠缓冲液

巴比妥钠	10.3 g
巴比妥	1.8 g
硫柳汞	100 mg（防腐剂）

蒸馏水加热溶解并定容至 500 mL。

6. 1% 琼脂（或琼脂糖）凝胶

1 g 琼脂糖加 50 mL 相应的缓冲液，隔水煮沸或微波炉加热溶解（注意不要溢出），然后再加入 50 mL 上述巴比妥 - 巴比妥钠缓冲液混匀，置 4 ℃保存备用。

7. LB 培养基

蛋白胨	10 g
氯化钠	10 g
酵母粉	5 g

加入蒸馏水或去离子水 1 000 mL, 搅拌加热煮沸至完全溶解, 后调 pH 为 7.0 左右, 高温灭菌后室温避光保存。

8. 0.5% 福尔马林溶液

取市售的 37%~40% 甲醛溶液 5 mL 与 0.01 mol/L, pH7.4 PBS 缓冲液 995 mL 充分混合, 最后加入 NaN_3 粉末 0.2 g 使其充分溶解, 备用。

9. 缓冲甘油封片剂

无自发荧光的甘油	9 份
0.1 mol/L, pH8.0 PBS	1 份

充分混匀。

10. 溶血试剂 (10× 储存液)

NH_4Cl	8.29 g
$KHCO_3$	1.00 g
ddH_2O	80 mL
0.3% EDTA	10 mL
10% NaN_3	10 mL

需要时用 $KHCO_3$ 或 NH_4C1 调 pH 至 7.3。

11. 包被液——50 mmol/L, pH9.6 碳酸盐缓冲液 (CBS)

Na_2CO_3	1.59 g
$NaHCO_3$	2.93 g
蒸馏水定容至	1 000 mL

注意调整 pH 为 9.6 左右。

12. 0.1 mol/L, pH7.4 磷酸缓冲液 (10×PBS)

NaCl	80 g

KH$_2$PO$_4$	2 g
Na$_2$HPO$_4$ · 12H$_2$O	29 g
KCl	2 g
蒸馏水定容至	1 000 mL

13. 洗板液

| Tween-20 | 0.5 mL |
| 0.01 mol/L，pH7.4 PBS 定容至 | 1 000 mL |

14. 血清与酶结合物稀释液

Tween-20	0.5 mL
牛血清白蛋白	10 g
0.01 mol/L，pH7.4 PBS 定容至	1 000 mL

15. OPD 底物缓冲液（PCS）

柠檬酸	4.66 g
Na$_2$HOP$_4$ · 12H$_2$O	18.4 g
蒸馏水定容至	1 000 mL

4 ℃保存。

16. OPD 底物显色液

OPD（邻苯二胺）	40 mg
PCS（OPD 底物缓冲液）	100 mL
30% H$_2$O$_2$	30 μL

临用前配，用棕色瓶。

17. 酶终止液

| 浓 H$_2$SO$_4$ | 53 mL |
| 蒸馏水定容至 | 500 mL |

为避免短时间内放热过度出现危险，浓 H$_2$SO$_4$ 应缓慢倒入蒸馏水中。

18. 丙烯酰胺储存液

丙烯酰胺	60 g
亚甲基双丙烯酰胺	1.6 g
蒸馏水定容至	200 mL

避光搅拌溶解过夜后，用滤纸过滤后避光保存。

19. 4× 分离胶缓冲液

Tris	36.3 g
10% SDS	0.04 mL
蒸馏水定容至	100 mL

定容前用盐酸调至 pH8.8。

20. 4× 浓缩胶缓冲液

Tris	6.0 g
10% SDS	0.04 mL
蒸馏水定容至	100 mL

定容前用盐酸调至 pH6.8。

21. 电泳缓冲液

Tris	6.0 g
甘氨酸	28.8 g
SDS	1.0 g
蒸馏水定容至	100 mL

22. 5× 上样缓冲液

1.0 mol/L，pH6.8 Tris	0.6 mL
50%甘油	5 mL
10% SDS	2 mL
β- 巯基乙醇	0.5 mL
1%溴酚蓝	1 mL
蒸馏水定容至	10 mL

23. 转移缓冲液

甘氨酸	2.9 g
Tris	5.8 g
SDS	0.37 g
甲醇	200 mL
蒸馏水定容至	1 000 mL

24. 丽春红 S 染液（10× 储存液，用前稀释到合适浓度）

丽春红 S	2 g
三氯乙酸	30 g
磺基水杨酸	30 g
蒸馏水定容至	100 mL

25. PBST（0.1%）

Tween-20	1 mL
0.01 mol/L，pH7.4 PBS 定容至	1 000 mL

26. 封闭液

PBST（0.1%）	100 mL
脱脂奶粉	10 g

27. Alsever 红细胞保存液

柠檬酸钠	0.8 g
NaCl	0.42 g
葡萄糖	2.05 g
蒸馏水定容至	100 mL

分装后，115 ℃灭菌 10 min。

28. 4.0 g/L 酚红

称取 0.4 g 酚红置于玻璃研体中，不断研磨并逐渐加入 0.1 mol/L NaOH 10～15 mL 使酚红完全溶解，补加蒸馏水至 100 mL。

29. Hank's 液

原液甲

A 液：

NaCl	160 g
KCl	8 g
$MgSO_4 \cdot 7H_2O$	2 g
$MgCl_2 \cdot 6H_2O$	2 g
蒸馏水定容至	800 mL

B 液：

$CaCl_2$	2.8 g
蒸馏水定容至	100 mL

将 A、B 二液混合，加蒸馏水定容至 1 000 mL，再加入 2 mL 氯仿防腐，4 ℃ 保存备用。

原液乙

$Na_2HPO_4 \cdot 12H_2O$	3.04 g
KH_2PO_4	1.20 g
蒸馏水	800 mL
4.0 g/L 酚红	100 mL
蒸馏水定容至	1 000 mL

应用液

原液甲	1 份
原液乙	1 份
蒸馏水	18 份

混合后，分装小瓶，高压灭菌（115 ℃）10 min，4 ℃ 保存。

30. 肝素抗凝剂

肝素注射液	12 500 U
Hank's 液	100 mL

31. 乳清蛋白水解物

乳清蛋白的水解物	0.5 g
Hank's 液	100 mL

高温灭菌后备用，用前以 6% $NaHCO_3$ 调 pH 至 7.4，并加入灭活的小牛血清 10 mL。

32. 0.8% 戊二醛溶液

市售 25% 戊二醛溶液	1 mL
0.45% NaCl	30.25 mL

33. 0.1% 甲苯胺蓝（toluidine blue O）染色液

甲苯胺蓝	0.1 g
0.1 mol/L 乙酸盐缓冲液	100 mL

室温充分溶解 5 天后备用，室温下可保存 3 个月。

34. SRBC 悬液

取无菌脱纤维绵羊红细胞（务必选取新鲜的绵羊红细胞，以保证实验结果的稳定），用无菌生理盐水离心洗涤 3 次，以 2 000 r/min 的速度离心 5 min，压积的红细胞用 RPMI-1640 培养基配成 20% 的 SRBC 悬液，计数后调整细胞浓度至 $2.0×10^9$/mL，冰浴中保存。

35. 淋巴细胞分离方法

采集被检者静脉血 1 mL，注入抗凝管中轻轻摇匀，加入等体积（即 1 mL）37 ℃预温的生理盐水，混匀。于离心管内加 1 mL 淋巴细胞分离液并倾斜，用细滴管吸取上述稀释血液在分离液上 1 cm 处沿管壁轻轻加入，使稀释血液重叠于分离液上，在血液与分离液之间保持清晰的界面；立即置水平离心机上，2 500 r/min 离心 10 min。用毛细滴管沿管壁伸入乳白色细胞层中，将此层细胞悬液加入 5 mL 37 ℃预温的 Hank's 液中，混匀后 2 000 r/min 离心 10 min，吸弃上清液，同法洗涤 1 次。将沉积细胞混用含 10% 小牛血清 –5.0 g/L 乳清蛋白水解物的 Hank's 液重悬，配成（1～2）$×10^6$/mL 的淋巴细胞悬液。

36. RIPA 细胞裂解缓冲液

1 mol/L，pH7.4 Tris-HCl	5 mL
5 mol/L NaCl	15 mL
0.5 mol/L，pH7.4 EDTA	5 mL
20% Triton X-100	25 mL
10% 去氧胆酸钠	50 mL
10% SDS	5 mL
牛胰蛋白酶抑制剂	500 μg
亮抑蛋白酶肽	500 μg

| 100 mmol/L PMSF（临用前加入） | 5 μL |
| 蒸馏水定容至 | 500 mL |

37. 0.05% 结晶紫染液

结晶紫	50 mg
无水乙醇	20 mL
蒸馏水定容至	100 mL

38. ChIP 缓冲液

1% SDS	1 mL
Triton X-100	1.1 mL
0.5 mol/L EDTA	25 μL
0.1 mol/L，pH8.1 Tris-HCl	16.7 mL
5 mol/L NaCl	3.3 mL
牛胰蛋白酶抑制剂	100 μg
亮抑蛋白酶肽	100 μg
100 mmol/L PMSF（临用前加入）	1 μL
蒸馏水定容至	100 mL

39. 低盐洗脱缓冲液

10% SDS	1 mL
Triton X-100	1 mL
0.5 mol/L EDTA	0.4 mL
0.1mol/L，pH8.1 Tris-HCl	20 mL
5 mol/L NaCl	3 mL
蒸馏水定容至	100 mL

40. 高盐洗脱缓冲液

10% SDS	1 mL
Triton X-100	1 mL
0.5 mol/L EDTA	0.4 mL
0.1 mol/L，pH8.1 Tris-HCl	20 mL

| 5 mol/L NaCl | 10 mL |
| 蒸馏水定容至 | 100 mL |

41. LiCl 洗脱缓冲液

LiCl	1.06 g
NP-40	1 mL
脱氧胆酸钠	1 g
0.5 mol/L EDTA	0.2 mL
0.1 mol/L，pH8.1 Tris-HCl 定容至	100 mL

42. 粘片剂

硫酸铬钾	0.1 g
明胶	1 g
蒸馏水定容至	100 mL

43. 5% 福尔马林溶液

取市售的 37%～40% 甲醛溶液 50 mL 与 0.01 mol/L，pH7.4 的 PBS 缓冲液 950 mL 充分混合，最后加入 NaN_3 粉末 0.2 g 使其充分溶解，备用。

44. 苏木精染料

苏木素	1 g
无水乙醇	100 mL
明矾（硫酸铝钾）	60 g
甘油	100 mL
蒸馏水	100 mL
无水乙酸	10 mL

将 1 g 苏木素溶解于 100 mL 无水乙醇中，微热。同时将 60 g 明矾溶解于 100 mL 蒸馏水中，再加入 100 mL 甘油。将以上两种溶液混合，加入 10 mL 无水乙酸。放置于烧瓶中，用棉花轻轻封住瓶口，置于空气与日光中氧化几周，使溶液从紫色转变为深红色，期间需不时振荡。最后密封室温保存。

45. DAB 底物显色液

DAB	4 mg
30% H_2O_2	15 uL
0.01 mol/L, pH7.5 Tris-HCl	5 mL

46. 100× 蛋白酶抑制剂混合液

盐酸苯甲脒 (Benzamidine HCl)	1.6 mg
菲咯啉 (Phenanthroline)	1 mg
抑蛋白酶多肽 (Aprotinin)	1 mg
胃蛋白酶抑制剂 (Pepstatin A)	1 mg
亮抑蛋白酶肽 (Leupeptin)	1 mg
无水乙醇定容至	1 mL

图书在版编目（CIP）数据

免疫学实验指导 / 杜冰，钱旻主编. -- 2版. -- 北
京：高等教育出版社, 2023.7
ISBN 978-7-04-060530-3

I. ①免… II. ①杜… ②钱… III. ①免疫技术-高
等学校-教学参考资料 IV. ①Q939.91

中国国家版本馆CIP数据核字（2023）第089388号

免 疫 学
实 验 指 导 第2版

MIANYIXUE SHIYAN ZHIDAO

策划编辑　高新景
责任编辑　高新景
封面设计　赵　阳
版式设计　赵　阳
责任印制　赵义民

出版发行　高等教育出版社
社　　址　北京市西城区德外大街4号
邮政编码　100120
印　　刷　北京中科印刷有限公司
开　　本　787mm×1092mm　1/16
印　　张　11
字　　数　200千字
购书热线　010-58581118
咨询电话　400-810-0598
网　　址　http://www.hep.edu.cn
　　　　　http://www.hep.com.cn
网上订购　http://www.hepmall.com.cn
　　　　　http://www.hepmall.com
　　　　　http://www.hepmall.cn
版　　次　2011年5月第1版
　　　　　2023年7月第2版
印　　次　2023年7月第1次印刷
定　　价　22.00元

本书如有缺页、倒页、脱页等质量问题，请
到所购图书销售部门联系调换
版权所有　侵权必究
物　料　号　60530-00

反盗版举报电话

（010）58581999　58582371

反盗版举报邮箱　dd@hep.com.cn

通信地址　北京市西城区德外大街4号
高等教育出版社法律事务部
邮政编码　100120

读者意见反馈

为收集对教材的意见建议，进一步完善教材编写并做好服务工
作，读者可将对本教材的意见建议通过如下渠道反馈至我社。

咨询电话　400-810-0598
反馈邮箱　gjdzfwb@pub.hep.cn
通信地址　北京市朝阳区惠新东街4号富盛大厦1座
高等教育出版社总编辑办公室
邮政编码　100029

防伪查询说明

用户购书后刮开封底防伪涂层，使用手机微信等软件扫描
二维码，会跳转至防伪查询网页，获得所购图书详细信息。
防伪客服电话　（010）58582300